11
1972

Faserforschung und Textiltechnik

WISSENSCHAFTLICH-TECHNISCHE ZEITSCHRIFT
FÜR DIE CHEMIEFASER- UND TEXTILINDUSTRIE

BEGRÜNDET VON
ERICH CORRENS UND WALTER FRENZEL

HERAUSGEGEBEN VON ERICH CORRENS
WOLFGANG BOBETH – HANS BÖHRINGER – HERMANN KLARE
BURKART PHILIPP – CHRISTIAN RUSCHER

SCHRIFTLEITER J. BRÄMER UND I. RUSCHER

AKADEMIE-VERLAG BERLIN

Faserforsch. u. Textiltechnik • 23. Jahrg. • Heft 11 • Seiten 457–500 • Berlin im November 1972
FSTXA7 23 (11) 457–500 (1972)
Preis: 15,– M • Sonderpreis DDR: 9,– M

DK 677.4–486.27:677.017.224.3:677.017.272:677.019.131.33

Beyreuther, Roland

Untersuchung des pneumatischen Freistrahlprinzips zur Messung bzw. Regelung der Feinheit von Chemieseiden im technologischen Prozeß

Faserforsch. u. Textiltechnik **23** (1972) 11, S. 457–465, 11 Abb., 1 Tab., 12 Lit.

Es werden theoretische und experimentelle Ergebnisse dargestellt, die bei der Entwicklung und Erprobung eines pneumatischen Meßverfahrens zur kontinuierlichen Messung der Feinheit von Chemieseiden erhalten wurden. Das Meßverfahren beruht auf der Ausnutzung des pneumatischen Freistrahlprinzips, indem der zu messende Faden entsprechend seiner Dicke als variabler Strahlteiler des turbulenten Freistrahles wirkt. Der in der Fangdüse entstehende Druck des Reststrahles (Druckbereich bis ca. 300 mm WS) ist unter Einhaltung bestimmter geometrischer und pneumatischer Betriebsparameter des Meßsystems eine reproduzierbare Funktion der Fadenfeinheit. Die Meßergebnisse von zwei Meßkanälen mit unterschiedlichen Meßwertaufnehmern (pneumatisch-elektrische und rein pneumatische Signalverarbeitung) werden dargestellt und die Funktionstüchtigkeit des Verfahrens wird nachgewiesen.

DK 677.463:677.021.125.26–913.3:677.021.123.2:677.021.123.67: 677.021.122.225:546.221

Kaszyński, Andrzej, und *Markowska, Danuta*

Spinnen von Viskosen, die bei verschiedenen Temperaturen nachgereift sind und unterschiedliche Mengen an Nebenprodukten enthalten

Faserforsch. u. Textiltechnik **23** (1972) 11, S. 482–488. 9 Abb., 1 Tab., 5 Lit.

Es wurden Spinnversuche mit Viskosen durchgeführt, die bei verschiedenen Temperaturen nachgereift sind. Bei diesen Versuchen wurden die Spinnreife, die Modifikatoren sowie Spinnbadzusammensetzung und -strecke geändert. Bei einigen Versuchsreihen wurde der Viskose Natriumsulfidlösung zugesetzt. Die Hypothese von negativem Einfluß des Sulfidgehalts der Spinnviskose auf die Anfangsgeschwindigkeit der Regeneration wurde bestätigt. Bei weiterer Entfernung von der Düse regenerieren die Fäden aus höhersulfidhaltigen Viskosen jedoch schneller als die vergleichbaren aus Viskosen geringeren Sulfidgehalts.

DK [677.1/2.+677.46]:677.8:677.014.2/.3:677.017.56:536.495:543.226

Von Hornuff, Günther, und *Müller, Günther*

Beiträge zur thermischen Analyse von Cellulosefaserstoffen

Faserforsch. u. Textiltechnik **23** (1972) 11, S. 466–477, 15 Abb., 7 Tab., 38 Lit.

Die Ursachen des unterschiedlichen thermischen Verhaltens und die Einflüsse von Veredlungsvorgängen auf die thermische Beständigkeit von Cellulosefaserstoffen werden untersucht. Weiterhin wurde geprüft, ob sich aus DTA-Untersuchungen von Cellulosefaserstoffen Rückschlüsse auf die Struktur oder andere interessierende Parameter der Cellulosefaserstoffe ziehen lassen.

DK 661.128.84:677.021.122.225:546.265:546.223.2-325:543.253: 543.42.062

Dautzenberg, Horst, *Philipp, Burkart*, und *Schumann, Jürgen*

Zur Analytik oxydativ entstandener Viskosenebenprodukte

Faserforsch. u. Textiltechnik **23** (1972) 11, S. 488–493. 7 Abb., 1 Tab., 20 Lit.

Neuere Ergebnisse zur Spektralfotometrie und Polarographie des Tri- und Perthiocarbonats sowie des Disulfids werden mitgeteilt. Ferner wird über Erfahrungen bei der polarographischen Thiosulfatbestimmung in Viskose berichtet.

DK 678.674'524'420:66.062.412.42–43:66.062.551:541.182.083.722: 543.257.5

Becker, Dietrich, *Zimmermann, Heinz*, und *Kolbig, Christine*

Die Bestimmung von unlöslichen bzw. unschmelzbaren Partikeln in Polyäthylenterephthalat nach dem Coulter-Prinzip

Faserforsch. u. Textiltechnik **23** (1972) 11, S. 478–481. 1 Abb., 1 Tab., 7 Lit.

Es wird eine Methode beschrieben, die es gestattet, in Polyäthylenterephthalat vorhandene unschmelzbare bzw. unlösliche, die Verarbeitung potentiell störende Partikel zu bestimmen. Dazu wird der Polyester in einem Gemisch aus Phenol und Tetrachloräthan gelöst und der konduktometrischen Partikelzählung nach dem *Coulter*-Prinzip unterworfen.

Die Zeitschrift „Faserforschung und Textiltechnik" erscheint monatlich in Heften zu 48 Textseiten im Format A 4. Der Preis für das Einzelheft beträgt M 15,— (Sonderpreis für DDR M 9,—), für den Vierteljahresbezug M 45,— (Sonderpreis für DDR M 27,—), zuzügl. Bestellgeld. Die Berechnung erfolgt zu Beginn eines Vierteljahrs für 3 Hefte. Bestellungen aus dem Gebiet der Deutschen Demokratischen Republik an ein Postamt, eine Buchhandlung oder den Verlag, aus der Deutschen Bundesrepublik an eine Buchhandlung oder die Auslieferungsstelle Kunst und Wissen, Erich Bieber, 7 Stuttgart 1, Wilhelmstraße 4—6, aus dem Ausland an eine Importbuchhandlung, den Deutschen Buch-Export und -Import GmbH., 701 Leipzig, Postschließfach 276, oder den Akademie-Verlag GmbH., 108 Berlin, Leipziger Str. 3—4 (Fernruf: 220441; Telex-Nr. 0112020; Postscheckkonto 35021) erbeten. Bestellnummer dieses Heftes: 1014/23/11. Alleinige Anzeigenannahme DEWAG-WERBUNG, 1054 Berlin, Wilhelm-Pieck-Str. 49, und alle DEWAG-Betriebe in den Bezirksstädten der DDR. — Bestellungen in der UdSSR nehmen entgegen: Städtische Abteilungen von „SOJUZPECHATJ" bzw. Postämter und Postkontore.

Herausgeber und verantwortlich für den Inhalt: Prof. Dr. Dr. Erich Correns, Institut für Polymerenchemie der Akademie der Wissenschaften der DDR zu Berlin, 153 Teltow-Seehof, Fernruf: Teltow 4831; Prof. Dr.-Ing. habil. Wolfgang Bobeth, Institut für Technologie der Fasern der Akademie der Wissenschaften der DDR zu Berlin, 801 Dresden, Hohe Str. 6, Fernruf: 44721; Prof.-Dr. Ing. Hans Böhringer, Rudolstadt; Prof. Dr. Hermann Klare, Prof. Dr. habil. Burkart Philipp und Dr. habil. Christian Ruscher, Institut für Polymerenchemie der Akademie der Wissenschaften der DDR zu Berlin, 153 Teltow-Seehof, Fernruf: Teltow 4831. Schriftleiter: Joachim Brämer und Dipl.-Chem. Ingeborg Ruscher, 153 Teltow-Seehof, Kantstr. 55. Verlag: Akademie-Verlag GmbH., 108 Berlin, Leipziger Str. 3—4, Satz und Druck: Druckhaus „Maxim Gorki", 74 Altenburg. — Veröffentlicht unter der Lizenznummer 1280 des Presseamtes beim Vorsitzenden des Ministerrates der Deutschen Demokratischen Republik.

# Faserforschung und Textiltechnik

WISSENSCHAFTLICH-TECHNISCHE ZEITSCHRIFT FÜR DIE CHEMIEFASER- UND TEXTILINDUSTRIE

Band 23 | November 1972 | Heft 11

Untersuchung des pneumatischen Freistrahlprinzips zur Messung bzw. Regelung der Feinheit von Chemieseiden im technologischen Prozeß

Roland Beyreuther

Akademie der Wissenschaften der DDR, Institut für Technologie der Fasern in Dresden

DK 677.4—486.27:677.017.224.3:677.017.272:677.019.131.33

Es werden theoretische und experimentelle Ergebnisse dargestellt, die bei der Entwicklung und Erprobung eines pneumatischen Meßverfahrens zur kontinuierlichen Messung der Feinheit von Chemieseiden erhalten wurden. Das Meßverfahren beruht auf der Ausnutzung des pneumatischen Freistrahlprinzips, indem der zu messende Faden entsprechend seiner Dicke als variabler Strahlteiler des turbulenten Freistrahles wirkt. Der in der Fangdüse entstehende Druck des Reststrahles (Druckbereich bis ca. 300 mm WS) ist unter Einhaltung bestimmter geometrischer und pneumatischer Betriebsparameter des Meßsystems eine reproduzierbare Funktion der Fadenfeinheit. Die Meßergebnisse von zwei Meßkanälen mit unterschiedlichen Meßwertaufnehmern (pneumatisch-elektrische und rein pneumatische Signalverarbeitung) werden dargestellt und die Funktionstüchtigkeit des Verfahrens wird nachgewiesen.

Исследование принципа применения свободной струи воздуха для измерения или регулирования толщины химических филаментных нитей в технологическом процессе

Сообщаются теоретические и экспериментальные результаты, полученные при разработке и проверке пневматического метода непрерывного измерения толщины химических нитей. Метод основан на использовании принципа свободной воздушной струи, причем измеряемая нить в зависимости от ее толщины является разделителем турбулентной свободной струи. Возникающее в приемном сопле давление остаточной струи (приблизительно до 300 мм вод. ст.) при соблюдении определенных геометрических и пневматических параметров системы измерения может являться воспроизводимой функцией толщины нити. Проводятся результаты, полученные при применении двух различных принципов датчика (пневмо-электрический и пневматический), и показывается применимость метода.

Investigation of the Free Jet Principle for the Continuous Control of Yarn Count in Synthetic Fiber Processing

The paper gives theoretical and experimental results obtained in the development and testing of a pneumatic gauging method for the continuous yarn count control of synthetic fiber. Utilizing the free jet principle for measuring, the yarn — according to its thickness — acts as jet divider of the turbulent free jet flow. On specific measuring system conditions relating to geometry and pneumatic operating parameters, the static pressure of the residual jet in the female nozzle (range to about 300 mm W. S.) is a reproduceable function of the yarn count. Examples of two measuring systems in actual setup using two differing transducers — one electro-pneumatic and the other solely pneumatic signal handling — are presented. Operational capability of the new method is demonstrated by a series of comparative tests.

1. Einleitung

Die gegenwärtige Entwicklung technologischer Prozesse aller Art ist u. a. durch die Integration einzelner, früher getrennt betriebener Prozeßstufen und Produktionsteilsysteme zu technologischen Großsystemen gekennzeichnet. Diese Tendenz fordert in zunehmendem Maße den Einsatz von Prozeßrechnern heraus. Damit wird für die vielfältigen praktischen Entscheidungen, die mit der Vorbereitung des Rechnereinsatzes verbunden sind, eine möglichst genaue Kenntnis des statischen, viel mehr aber noch des dynamischen Verhaltens des entsprechenden Prozesses bzw. seiner Teilprozesse notwendig. Bekanntlich können erst nach einer solchen, der Systemidentifikation dienenden Analyse z. B. Fragen nach der Anzahl, der Art und der quantitativen sowie qualitativen (zeitlichen) Wichtung der auftretenden Störgrößen, ihrem Einfluß auf wesentlich interessierende Prozeß- und Produktkenngrößen sowie nach der sinnvollen Auswahl von Meß-, Regel-, Steuer- oder Stellgrößen fundiert beantwortet werden.

Diese allgemeinen Entwicklungsgrundsätze gelten natürlich auch für die Prozesse der textilen Faserstoffgewinnung und -verarbeitung. Unter ihnen kommt in der ganzen Welt ohne Zweifel den Prozessen der Chemiefaserstofferspinnung und -verarbeitung die größte perspektivische Bedeutung zu. Eine für die Qualität des ersponnenen Fadens sehr wesentliche Prozeßvariable ist die Fadenfeinheit, d. h. die auf die Fadenlänge bezogene Masse des Fadens.

Die Fadenfeinheit ist eine äußerst komplexe Prozeßvariable. Stellt man z. B. für eine Extruderspinnanlage ein qualitatives Ursache/Wirkungs-Schema aller wesentlichen Größen auf, die direkt oder indirekt auf die Zielgröße Fadenfeinheit Einfluß nehmen, so enthält dieses etwa 60 Einflußgrößen.

Um die aus theoretisch-physikalischen Überlegungen gefundenen Ursache/Wirkungs-Beziehungen quantitativ, in Form von Übertragungsfunktionen, beschreiben zu können, ist es notwendig, über im technologischen Prozeß einsetzbare, kontinuierlich mit entsprechender Auflösung arbeitende Meßmethoden für die einzelnen Prozeßvariablen zu verfügen. Bezüglich vieler in diesem Zusammenhang interessierenden Größen ist dies, da sie bei vielen anderen Produktionsprozessen ebenfalls als Prozeßvariable auftreten (z. B. Temperatur, Druck, Drehzahl), gegeben.

Bezüglich der Fadenfeinheit ist dies jedoch nicht der Fall, da die besonders aus dem Textilprüflabor bekannten, kontinuierlich arbeitenden kapazitiven Feinheitsmeßverfahren (Zellweger-Uster, Textronograph, YET) für den Chemiefaserstofferspinnprozeß, bei dem an einzelnen Stellen nasse bzw. feuchte Fäden abzutasten sind, versagen.

Im folgenden wird ein auf pneumatischer Grundlage arbeitendes Feinheitsmeßverfahren vorgestellt, das einerseits den gestellten Anforderungen für die Durchführung der Systemanalyse genügt und andererseits auch als Primärdatenerfassungsglied für einen Prozeßrechner oder als Meßglied in einem Regelkreis zur Regelung der Fadenfeinheit und damit zur Qualitätsverbesserung der erzeugten Fäden dienen kann.

2. *Grundlegende theoretische und experimentelle Untersuchungen*

2.1. *Aufgabenstellung, Grundprinzip des Meßverfahrens*

Im einzelnen sind von einem Feinheits-Meßverfahren, das im technologischen Prozeß eingesetzt werden soll, folgende Forderungen zu erfüllen:

1. Messung möglichst berührungslos.
2. Invarianz des Meßeffektes gegenüber dem Faden anhaftender flüssiger Schlichte.
3. Meßgeber soll schmutz- und feuchteunempfindlich sein.
4. Genügend große Meßempfindlichkeit für die zu messende Größe.
5. Messung sollte im Hinblick auf einen ökonomischen Einsatz wenig störanfällig und mit nicht zu hohem Kostenaufwand durchführbar sein.
6. Gute technologische Handhabbarkeit des Meßverfahrens.

Prüft man die in der Textiltechnik bekannten Verfahren der Feinheitsmessung an textilen Fäden (siehe z. B. [1, 2, 3]) nach diesen sechs Bedingungen, so findet man, daß keines der bekannten Feinheitsmeßverfahren allen Bedingungen gleichzeitig genügt. So scheiden beispielsweise alle bekannten mechanischen, elektrischen und pneumatischen Verfahren wegen fehlender Berührungslosigkeit, die elektronischen wegen enormer Feuchteempfindlichkeit, die optischen wegen Schmutzempfindlichkeit, die akustischen und radioaktiven wegen zu hohen Aufwandes aus.

Diese Schwierigkeiten scheinen übrigens der Grund dafür zu sein, daß bisher eine Regelung der Fadenfeinheit an einer Chemiefaserstofferspinnanlage praktisch nicht bekanntgeworden ist.

Ein bekannter pneumatischer Meßeffekt zur Feinheitsmessung von Fäden besteht darin, daß das Meßobjekt fortlaufend durch eine mit einer oder mehreren radialen Bohrungen versehene Meßdüse gezogen wird, wobei je nach örtlicher Feinheit ein mehr oder weniger großer Strömungswiderstand entsteht. Vor dieser Meßdüse, die mit einer einstellbaren Vordrossel in Reihe liegt, entsteht, vorausgesetzt der Luftdruck vor der Vordrossel wird konstant gehalten, ein der Feinheit proportionaler Druck. Ausführliche statische und dynamische Untersuchungen finden sich in [4, 5]. Das Schema dieser Methode zeigt das Bild 1. Ihr Nachteil besteht darin, daß das Meßobjekt bei der Messung berührt wird und in die Düse eingefädelt werden muß.

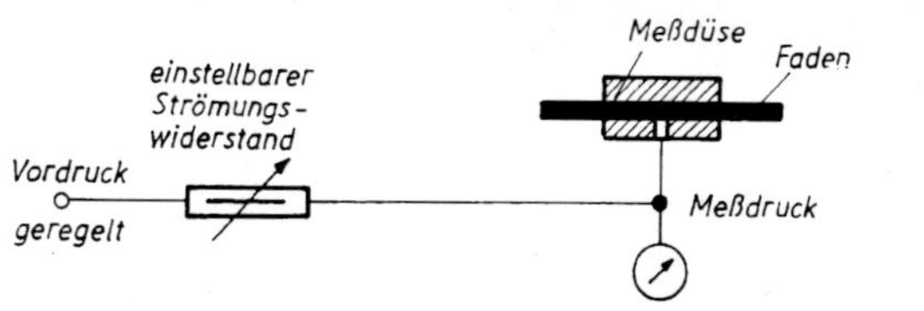

Bild 1. Pneumatische Feinheitsmessung nach dem Drosselprinzip

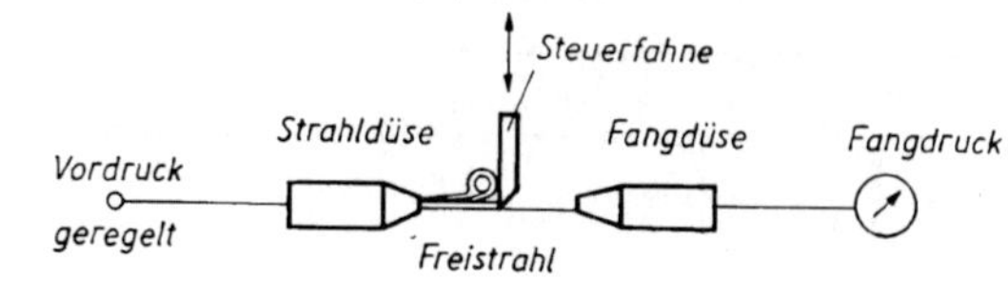

Bild 2. Pneumatisches Freistrahlprinzip mit Steuerfahne

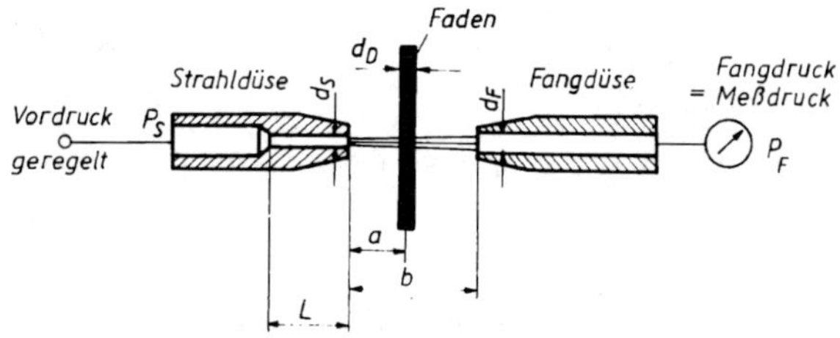

Bild 3. Pneumatische Feinheitsmessung nach dem Freistrahlprinzip

Eine berührungslose Abtastung des Fadenquerschnittes kann jedoch erreicht werden, wenn bei dem bekannten pneumatischen Strahldüse/Fangdüse-System mit Steuerfahne (Beschreibung siehe z. B. [6]), das gewöhnlich zur Umformung kleinster Wegänderungen in proportionale Druckänderungen benutzt wird, die teilweise Abdeckung des Freistrahles statt von der Steuerfahne von einem zwischen Strahl- und Fangdüse befindlichen Faden übernommen wird. Je nach örtlicher Querschnittsabmessung (bei gleicher Dichte des Fadenmaterials eine der Feinheit äquivalente Größe) wird die Strahlabdeckung mehr oder weniger groß sein, was zur Folge hat, daß bei konstant gehaltenem Druck vor der Strahldüse der von der Fangdüse aufgefangene Restluftstrahl je nach Stärke der Ablenkung durch den im Strömungsfeld befindlichen Faden einen mehr oder weniger großen Staudruck, den sogenannten Fangdruck, erzeugt. Auf diese Weise ist es, wie die folgenden Ausführungen zeigen werden, möglich, Fadenfeinheiten am laufenden Faden in entsprechende Drücke umzuwandeln.

Das Schema des Systems Strahldüse/Fangdüse mit Steuerfahne als Ausgangspunkt der Überlegungen und das Schema der Meßanordnung für die berührungslose pneumatische Feinheitsmessung mit dem gleichen System zeigen die Bilder 2 und 3. Der Weg der Steuerfahne wird im letzteren Fall praktisch durch die wechselnden Durchmesser des laufenden Fadens bzw. eines Drahtes gebildet, zu dessen Durchmesserabtastung das Verfahren gleichermaßen geeignet ist.

Die das System charakterisierenden geometrischen und pneumatischen Parameter sind:

p_s = Druck vor der Strahldüse,
p_F = Fangdruck,
d_s = Strahldüsendurchmesser,
d_F = Fangdüsendurchmesser,
L = Länge der Strahldüse,
a = Abstand Strahldüsenöffnung — Fadenlängsachse,
b = Abstand Strahldüsenöffnung — Fangdüsenöffnung,
d_D = Faden- bzw. Drahtdurchmesser.

Wie zu sehen, ist der interessierende Fangdruckverlauf in Abhängigkeit des Fadendurchmessers $p_F = f(d_D)$ direkt noch von sechs Parametern (p_s, d_s, d_F, L, a, b) in zunächst nicht bekannter Weise abhängig. Um einen Überblick über erreichbare Empfindlichkeit, Reproduzierbarkeit, Linearität, Feinheitsmeßbereiche und Luftverbrauch in Abhängigkeit der verschiedenen frei wählbaren Parameter zu erhalten, ist das System einer eingehenden experimentellen Prüfung unterzogen worden, wobei die Verhältnisse sowohl bei unbeeinflußtem als auch bei beeinflußtem Strömungsfeld getestet wurden.

2.2. Strömungstechnische Grundgesetze des unbeeinflußten Strömungsfeldes

Ausgehend von einer aus der Literatur [7] bekannten Beziehung, kann nach wenigen Umformungen der Zusammenhang $v_A = f(p_s)$ angegeben werden zu:

$$v_A = 2{,}87 \cdot \frac{d_s^{0{,}715} \cdot p_s^{0{,}572}}{\varrho_L^{0{,}428} \cdot \eta_L^{0{,}143} \cdot L^{0{,}572}}; \qquad (1)$$

ϱ_L = Dichte der Luft $= \dfrac{1{,}293}{9{,}81}$ kp · m^{-4} · s^2,

η_L = dynamische Zähigkeit der Luft = $1{,}85 \cdot 10^{-6}$ kp · s · m^{-2},

Einheiten: $[d_s]$ = m; $[L]$ = m; $[v_A]$ = m · s^{-1}.

Wie aus Gleichung (1) zu entnehmen ist, steigen die Strahlaustrittsgeschwindigkeiten etwa mit der Quadratwurzel des Druckes vor der Strahldüse an, wobei v_A bei gleichem p_s um so größer ist, je kleiner bei gleichem Düsendurchmesser die Düsenlänge und je größer bei gleicher Düsenlänge der Düsendurchmesser sind.

Wie aus Vorversuchen hervorging, wird bei der Feinheitsmessung eine brauchbare Empfindlichkeit erzielt, wenn das Strömungsfeld turbulent ist, da nur dann ein entsprechender Ablenkeffekt erzielt wird[1]).

Aus der *Reynolds*'schen Zahl

$$\mathrm{Re} = \frac{d_s \cdot v_A \cdot \varrho_L}{\eta_L} \qquad (2)$$

[1]) Bei laminarer Strömung wird das Meßobjekt (Draht, Faden) nur umströmt, und die Stromfäden sind nach Passieren desselben wieder geschlossen.

und dem Strahlvolumen (das den Luftverbrauch je Zeiteinheit angibt)

$$SV = \frac{\pi \cdot v_A \cdot d_s^2}{4} \qquad (3)$$

folgt:

$$\mathrm{Re} = \frac{4 \cdot SV \cdot \varrho_L}{\eta \cdot d_s \cdot \eta_L}. \qquad (4)$$

Mit der Bedingung für Turbulenz Re $\geqq 2300$ und nach Einsetzen bekannter Zahlenwerte folgt als Bedingung für einen turbulent austretenden Luftstrahl:

$$SV \geqq 25{,}4 \cdot d_s; \qquad (5)$$

Einheiten: $[d_s]$ = mm; $[SV]$ = cm^3 · s^{-1}.

Zahlenbeispiel: Turbulente Strömung tritt auf, wenn

für $d_s = 0{,}7$ mm $SV \geqq 17{,}8$ cm^3 · s^{-1},

für $d_s = 1{,}0$ mm $SV \geqq 25{,}4$ cm^3 · s^{-1},

für $d_s = 1{,}5$ mm $SV \geqq 38{,}2$ cm^3 · s^{-1}

gewählt wird.

Eine weitere wichtige Gleichung, die aus den Gleichungen (1) bis (3) folgt, gibt an, welche Abhängigkeit zwischen dem Strahlvolumen SV und den Grundparametern p_s, d_s und L der Strahldüsen bestehen:

$$SV = 2{,}25 \cdot \frac{d_s^{2{,}715} \cdot p_s^{0{,}572}}{\varrho_L^{0{,}428} \cdot \eta_L^{0{,}143} \cdot L^{0{,}572}}. \qquad (6)$$

Bemerkenswert ist der große Einfluß des Düsendurchmessers auf das Strahlvolumen und damit den Luftverbrauch des Systems.

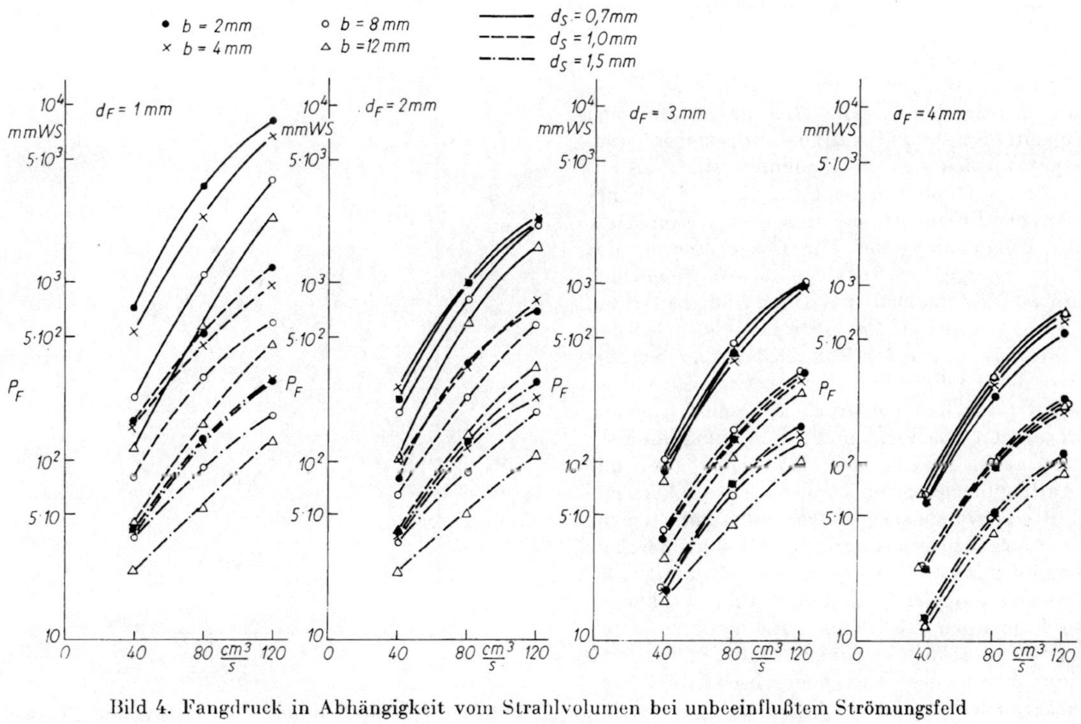

Bild 4. Fangdruck in Abhängigkeit vom Strahlvolumen bei unbeeinflußtem Strömungsfeld

Nach *Töpfer* und *König* [8] wird der Fangdruck im unbeeinflußten Strömungsfeld durch die folgende Beziehung ausgedrückt:

$$p_F^* = p_a \left\{ 1 + 18{,}9 \cdot \alpha_s \cdot \frac{d_s^2}{b^2} \cdot \frac{\left[1 - \left(\frac{p_a}{p_s^*}\right)^{0{,}285}\right] \left[1 - \frac{1}{\left[1 + 30{,}3 \left(\frac{d_F}{b}\right)^2\right]^5}\right]}{1 - \frac{1}{1 + 30{,}3 \left(\frac{d_F}{b}\right)^2}} \right\}^{3{,}5} \quad (7)$$

mit den noch nicht definierten Größen

p_F^* = Fangdruck absolut ($p_F = p_F^* - p_a$),
p_s^* = Druck vor der Strahldüse absolut ($p_s = p_s^* - p_a$),
p_a = atmosphärischer Luftdruck = 10312 mm WS,
α_s = Durchflußzahl der Strahldüse.

Gleichung (7) gilt mit der Einschränkung $d_F \leqq d_s + 0{,}29 \cdot b$.

Wie ersichtlich, können aus der mathematischen Beziehung (7) nicht ohne weiteres quantitative Abschätzungen getroffen werden. Besonders dann, wenn das Strahlvolumen (Gleichung 6) noch eingeführt wird, ist der Einfluß der verschiedenen geometrischen und pneumatischen Parameter auf den Fangdruck ohne entsprechende Berechnung von Zahlenbeispielen kaum abschätzbar.

Einen recht guten Überblick vermittelt dagegen das Bild 4, auf dem für jeweils vier verschiedene Fangdüsendurchmesser die experimentell aufgenommenen Abhängigkeiten $p_F = f\,(SV;\, d_s;\, b)$ aufgetragen sind. Danach hat bei den meisten Kennlinien eine Verdreifachung des Strahlvolumens eine Erhöhung des Fangdruckes um den Faktor 10 zur Folge. Da der Fangdruck durch die Umwandlung der kinetischen Energie des Freistrahles erzeugt wird, tritt der höchste Fangdruck dort auf, wo die Strahlaustrittsgeschwindigkeiten am größten sind, also bei gleichem Strahlvolumen bei den engsten Strahldüsen und den Versuchsanordnungen, bei denen Strahl- und Fangdüse dicht beeinander stehen (kleines *b*). Daß der Fangdruck bei sonst gleichen Bedingungen mit wachsendem Fangdüsendurchmesser abnimmt, hat seine Ursache darin, daß bei Fangdüsen mit großen Auffangflächen nicht nur der Freistrahlkern mit großer Luftgeschwindigkeit, sondern auch immer mehr die Luftstrahlrandzone mit geringerer Geschwindigkeit die Auffangöffnung treffen und der Geschwindigkeitsmittelwert der aufgefangenen Luftstrahlfläche kleiner ist als bei Fangdüsen mit kleinen Durchmessern. Durch eine Fangdüsendurchmessererhöhung um den Faktor 4 erfolgt im untersuchten Bereich durchschnittlich eine Fangdruckerniedrigung um den Faktor 10.

2.3. Die Beeinflussung des Strömungsfeldes durch die Feinheit des bewegten Meßobjektes

Da es praktisch nicht mit genügender Genauigkeit möglich ist, die Abhängigkeit des Fangdruckes von der Meßobjektquerschnittsfläche (Draht- bzw. Fadenquerschnittsfläche) auf Grund physikalisch-technischer Überlegungen in ein mathematisches Gesetz zu kleiden, wurde praktischen Untersuchungen zur Bestimmung der Linearität, Reproduzierbarkeit und Empfindlichkeit des Meßverfahrens ein größerer Raum gewidmet. Es wurden hierbei folgende Parameterwerte vollständig miteinander variiert:

d_s = 0,7; 1,0; 1,5 mm, d_F = 1; 2; 3; 4 mm,

SV = 40; 80; 120 $cm^3 \cdot s^{-1}$, b = 2; 4; 8; 12 mm,

a = 0,5 bzw. 1,0 mm; $\frac{b}{2}$ mm; b — 0,5 bzw. b — 1,0 m.

An einem Kennlinienbeispiel (Bild 5) soll das grundsätzliche Verhalten gezeigt werden. Auf der Ordinate ist das rel. Fangdruckverhältnis p_F/p_{F0} (p_{F0} = Fangdruck bei unbeeinflußtem Strömungsfeld), auf der

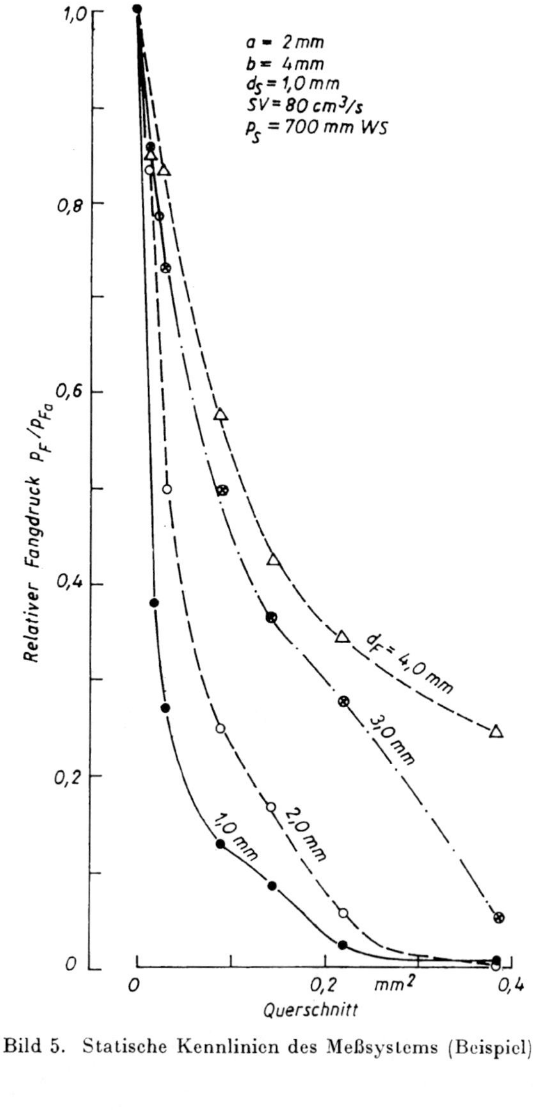

Bild 5. Statische Kennlinien des Meßsystems (Beispiel)

Abszisse die Meßobjektquerschnittsfläche aufgetragen. Als Parameter gelten für dieses Bild:

$SV = 80\ cm^3/s$,

$b = 4\ mm$,

$d_s = 1{,}0\ mm$; $p_s = 700\ mm$ WS.

Zu den vier Kennlinien gehören in der Reihenfolge abnehmender Steilheit die Fangdüsendurchmesser $d_F = 1{,}0$; $2{,}0$; $3{,}0$ und $4{,}0$ mm. Wird ein Aussteuerungswert von $p_F/p_{F0} \geqq 0{,}5$ eingehalten, so ist die Linearität genügend gut. Folgende Schlußfolgerungen konnten aus den statischen Kennlinienbestimmungen gewonnen werden:

1. Gute Linearität wird bei den verwendeten Düsen in der Regel bis zu Meßobjektquerschnitten von 0,1 mm² ($d_D \approx 0{,}35$ mm) erreicht.
2. Unstetigkeiten in den Kennlinien treten besonders bei Kombinationen mit großem Fangdüsendurchmesser ($d_F = 3$ bzw. 4 mm) auf. Sie haben ihre Ursache vermutlich darin, daß aus diesen Düsen bei bestimmten Strahlzuständen die aufgefangene Luft an der Peripherie der Auffangfläche zurückströmt und eine derartige Rückwirkung auf den Freistrahl ausübt, daß es örtlich zu starkem Geschwindigkeitsverlust und zum Turbulenz-Laminarumschlag kommt. Praktisch ist dem durch Ausweichen auf eine andere Kennlinie (Änderung von SV, a, b oder auch d_s bzw. d_F) zu begegnen.
3. Der relative Verlauf der Kennlinien ist weitgehend vom Strahlvolumen SV unabhängig.
4. Die Steilheit der Kennlinie als Maß für die erreichbare Meßempfindlichkeit nimmt mit wachsendem Fangdüsendurchmesser stark, mit wachsender Strahl/Fangdüsen-Entfernung schwach ab. Dabei wird in der Regel die Steilheit um so größer, je näher die Drahtlängsachse zur Stirnfläche der Strahldüse rückt.

Ein Zahlenbeispiel soll die erreichbare Meßempfindlichkeit verdeutlichen:

Ändert sich der Querschnitt eines Meßobjektes von 0,045 mm² (Durchmesser = 0,24 mm) um ±10% (Durchmesseränderung ∾ ±5%), so können je nach gewählter Meßanordnung Druckänderungen Δp_F von ±10 bis ±100 mm WS erreicht werden.

Auf einen spezifischen Störeinfluß schnell bewegter Meßobjekte, wie sie bei Chemiefaserstoffäden durchaus vorliegen (z. B. liegen die Abzugsgeschwindigkeiten bei Glasseidenfäden bei ca. 40 bis 50 m/s), sei an dieser Stelle hingewiesen:

Es ist möglich, daß die vom schnell bewegten Meßobjekt mitgerissene Luft das Meßluftströmungsfeld stört, vor allem dann, wenn Strahlaustrittsgeschwindigkeit und Störluftgeschwindigkeit in einem zu kleinen Verhältnis zueinander stehen. Entsprechende Untersuchungen ergaben, daß das Verhältnis der kritischen Störstrahlgeschwindigkeit, hervorgerufen durch die Bewegung des Meßobjektes, zur Freistrahlaustrittsgeschwindigkeit v_A um so kleiner wird, je näher die Achse des Meßobjektes an die Stirnfläche der Strahldüse heranrückt, je größer der Fangdüsendurchmesser wird und je weiter die Fangdüse von der Strahldüse entfernt ist. Bei Strahlaustrittsgeschwindigkeiten zwischen 50 und 250 m/s ($40\ cm^3/s \leqq SV \leqq 120\ cm^3/s$) und einer Geschwindigkeit des Meßobjektes von 20 bis 30 m/s muß beispielsweise zur Erzielung einer störungsfreien Messung die Bedingung $d_s \leqq 1$ mm und $d_F \leqq 2$ mm eingehalten werden. Eine Möglichkeit, diesen Störeinfluß weitgehend zu beseitigen, besteht darin, das Meßobjekt vor dem Passieren des Freistrahlmeßfeldes aus einer oder mehreren „Beruhigungsluftdüsen" quer zur Meßobjektlängsachse anzublasen, um damit eine Ablenkung der störenden mitgerissenen Luft zu erreichen.

3. Untersuchung und Einsatzerprobung praktisch ausgeführter Meßsysteme

3.1. Pneumatisch-elektrischer Feinheitsmeßgeber

Nach den Ergebnissen der im Punkt 2 beschriebenen experimentellen Voruntersuchungen wurden für ein praktisch auszulegendes System folgende, den Fadenfeinheiten beim Chemiefaserstoff-Erspinn- und Verarbeitungsprozeß angepaßte konstruktive Festlegung getroffen:

Strahldüsen: $L = 4$ mm; $d_s = 0{,}7$; $1{,}0$; $1{,}3$ mm (auswechselbar);
Fangdüsen: $d_F = 1{,}0$; $1{,}4$; $2{,}0$ mm (auswechselbar);
Abstand Strahldüse-Fangdüse $b = 4$ mm = const.;
Abstand Faden—Strahldüsenöffnung $a = 2$ mm = const.

Die konstruktive Gestaltung eines Meßgebers mit nachfolgender pneumatisch-elektrischer Signalwandlung zeigt das Bild 6. Die Signalwandlung wird auf die Weise vorgenommen, daß der Fangdruck über eine elastische Membrane aus glasfaserverstärktem Kunststoff in einen proportionalen Weg umgesetzt wird, der über ein übliches Differentialdrosselsystem eine entsprechende Induktivitätsänderung in einer Drosselspule bewirkt. Membrane, Abtaststift und Differentialdrossel sind im Geber eingebaut, so daß der Anschluß an handelsübliche Trägerfrequenzmeßverstärker möglich ist. In diesen

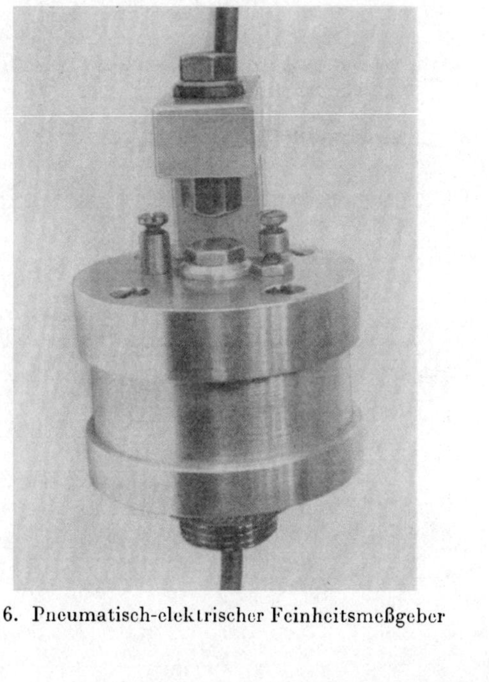

Bild 6. Pneumatisch-elektrischer Feinheitsmeßgeber

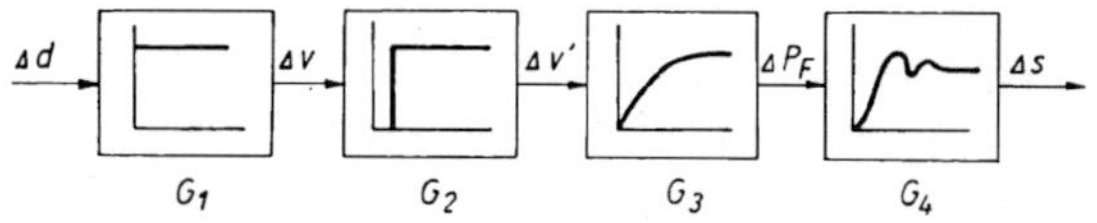

Bild 7. Signalflußbild der Meßwertübertragung im pneumatisch-elektrischen Feinheitsmeßgeber

Δd = Änderung der Feinheit des Meßobjektes
Δv = Änderung des Reststrahlgeschwindigkeitsprofils
$\Delta v'$ = Änderung des Reststrahlgeschwindigkeitsprofils an der Fangdüsenöffnung
ΔpF = Änderung des Fangdruckes
Δs = Änderung der Membrandurchbiegung.

Verstärkern kann auch bequem die bei dem vorgestellten Meßverfahren notwendige Nullpunktunterdrückung (die dem Fangdruck p_{F0} bei unbeeinflußtem Strömungsfeld entsprechende maximale Membranauslenkung muß elektrisch oder pneumatisch unterdrückt werden) durchgeführt werden. An zwei Zahlenbeispielen sei die statische Empfindlichkeit des gezeigten Gebers demonstriert:

1. *Beispiel*:
   $d_s = 1{,}5$ mm; $d_F = 1{,}0$ mm; $p_s = 600$ mm WS.
   Feinheit eines PA-S-Fadens: 10 tex (Nm 100). Eine Feinheitsänderung von $\pm 10\%$ ergibt an einem handelsüblichen Trägerfrequenzverstärker eine Meßwertänderung von mindestens $\pm 50\%$ des Vollausschlages.
2. *Beispiel*:
   $d_s = 1{,}0$ mm; $d_F = 1{,}4$ mm; $p_s = 400$ mm WS.
   Feinheit eines PA-S-Fadens: 10tex (Nm 100). Eine Feinheitsänderung von $\pm 10\%$ ergibt am gleichen Verstärker eine Meßwertänderung von $\pm 30\%$ des Vollausschlages.

Für eine Meßanordnung, die zur Aufnahme von Prozeßvariablen eingesetzt werden soll, interessiert außer der Kenntnis der statischen Eigenschaften natürlich auch ihr dynamisches Übertragungsverhalten. Für vorliegenden Fall des pneumatisch-elektrischen Feinheitsmeßgebers kann das Signalflußbild der Meßwertübertragung gezeichnet werden (Bild 7). Nach umfangreicheren theoretischen Untersuchungen, die im einzelnen hier nicht angeführt werden sollen, ergab sich folgendes:

Das Übertragungsglied G_1 ist verzögerungsfrei, d. h. jede Feinheitsänderung bewirkt an der Abtaststelle (2 mm vor der Fangdüsenöffnung) sofort eine Änderung des Reststrahlgeschwindigkeitsprofils. Das Übertragungsglied G_2 verkörpert die Totzeit, die vergeht, bis der Reststrahl von der Fadenabtaststelle zur Fangdüsenöffnung gelangt. Eine Abschätzung zeigt, daß diese Totzeit für alle praktisch interessierenden Fälle beträgt:

$$Tt \leqq 45\ \mu s.$$

Sie ist damit zu vernachlässigen.

Das Übertragungsglied G_3 beschreibt den Zusammenhang zwischen einer Strahlgeschwindigkeitsänderung an der Fangdüsenöffnung und der daraufhin erfolgenden Fangdruckänderung an der Membrane. Das Übertragungsverhalten wurde aus Strömungsdifferentialgleichungen abgeleitet, und es ergab sich nach deren Auswertung, daß die Grenzfrequenz des Übertragungsgliedes G_3 für alle praktisch interessierenden Fälle

$$f_g \geqq 55 \text{ kHz}$$

beträgt.

Damit kann nunmehr ausgesagt werden, daß das dynamische Übertragungsverhalten des Meßgebers allein von den Masse/Feder-Dämpfungseigenschaften der GFK-Membrane mit angelenktem Drosselkern abhängt. Dieses Verhalten wurde mit Hilfe von Frequenzgangmessungen untersucht, wobei im Geber durch eine durch den Freistrahl mit einstellbarer Geschwindigkeit rotierende Lochscheibe rechteckförmige Testsignale erzeugt wurden (impulsförmige Freistrahlunterbrechung). Diese einfache Möglichkeit bringt einerseits genauere Ergebnisse als die bei vorliegenden Grenzfrequenzen schwierig durchführbaren Sprunguntersuchungen und ist andererseits wesentlich einfacher zu handhaben als etwa die Benutzung von sin-Testsignalen, deren Erzeugung im vorliegenden Fall problematisch wäre [9].

Allerdings muß hierbei garantiert sein, daß die Sprunganstiegszeit der Rechteckimpulse sehr viel kleiner ist als die Einschwingzeit des untersuchten Systems [10]. Die Versuchsbedingungen wurden so gewählt, daß die Sprunganstiegszeit etwa 15mal größer war als die Einschwingzeit des Meßsystems. Nach Voruntersuchungen zeigte sich, daß das unkorrigierte System leicht unterkritisch gedämpft ist, so daß leichtes Überschwingen auftritt. Durch Dämpfung im elektrischen Signalverarbeitungszweig wurde etwa der aperiodische Grenzfall eingestellt.

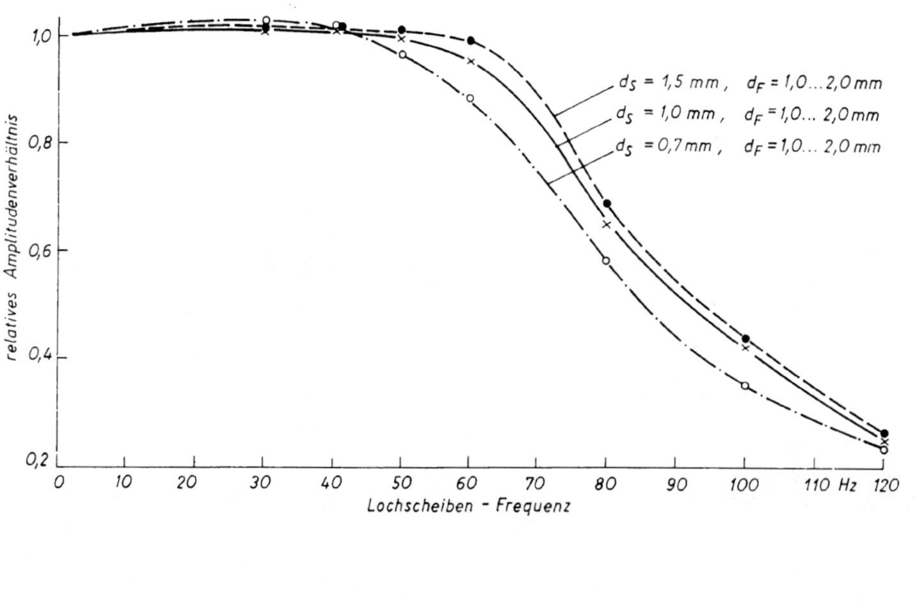

Bild 8
Amplituden-Frequenzgang des pneumatisch-elektrischen Feinheitsmeßgebers im Bereich $p_s = 200$ bis 600 mm Ws

Tabelle 1. Grenzfrequenzen

	$d_s = 0{,}7$ mm	$d_s = 1{,}0$ mm	$d_s = 1{,}5$ mm
f_g 1,0	43 Hz	50 Hz	57 Hz
f_g 0,9	57 Hz	65 Hz	69 Hz
f_g $1/\sqrt{2}$	73 Hz	77 Hz	79 Hz

Es bedeuten: f_g 1,0 noch kein Amplitudenfall,
f_g 0,9 Amplitudenabfall 10%,
f_g $1/\sqrt{2}$ Amplitudenabfall 30%.

Nach Auswertung der Frequenzgangmessungen, deren Ergebnis in Bild 8 dargestellt ist, zeigt sich, daß der Amplitudenfall leicht von der gewählten Strahldüse, nicht aber von der Fangdüse und auch nicht vom Strahldruck abhängig ist: System mit energieärmster (kleinster) Strahldüse hat etwas kleinere Grenzfrequenz als die beiden anderen Strahldüsen. Im einzelnen sind die in Tabelle 1 angegebenen Grenzfrequenzen erreicht worden.

Damit wurde bei praktisch allen Betriebszuständen eine Grenzfrequenz von mehr als 50 Hz erreicht, was es gestattet, bei hohen Fadenlaufgeschwindigkeiten noch relativ kurzperiodische Feinheitsschwankungen mit genügender Empfindlichkeit aufzulösen. Diese Eigenschaft und die bestehende Möglichkeit der Meßwertspeicherung (Ausgangssignal der Meßkette ist eine elektrische Spannung) machen den Geber als Hilfsmittel für die Kennwertermittlung an Chemiefaserstoff-Spinn- und Verarbeitungsmaschinen im Feinheitsbereich 5 bis 50 tex geeignet, und zwar auch an den Stellen, an denen der Faden in nicht trockenem Zustand vorliegt.

3.2. Pneumatischer Feinheitsmeßgeber

Als zweite Variante eines Meßgebers nach dem benutzten Meßprinzip wurde ein rein pneumatischer Feinheitsmeßgeber mit zugehöriger pneumatischer Signalverarbeitungskette entwickelt und erprobt. Sein konstruktiver Aufbau (Bild 9) ist sehr einfach. Die konstruktiven Abmessungen des Strahl-Fangdüsesystems

Bild 9. Pneumatischer Feinheitsmeßgeber

sind die gleichen wie beim vorher beschriebenen pneumatisch-elektrischen Geber, jedoch fehlt die gesamte Einrichtung zur pneumatisch-elektrischen Signalwandlung. Da die auftretenden Fangdrücke im Niederdruckbereich (bis etwa 400 mm WS) liegen, können zur Signalverarbeitung vorteilhaft die robusten, sicheren und relativ billigen Bausteine des Unalog-Niederdruckpneumatiksystems (VEB Geräte- und Reglerwerke Teltow, DDR) [11] eingesetzt werden. Eine erprobte Schaltung für zwei getrennte Meßkanäle zeigt das Bild 10.

Die vom Drucklufterzeuger (z. B. Taumelscheibenluftpumpen) kommende Luft wird über den Luftfilterbaustein Z_3 den je zwei Hilfsdruckreglern Z_1 und Z_2 zugeleitet. Die Hilfsdruckregler Z_2 versorgen die Strahldüsen SD der beiden Meßbgeber mit Hilfsluft konstanten Strahldruckes p_s. Die Versorgung der Verstärkerbausteine A_2 und A_{11} mit Hilfsluft konstanten Druckes p_H

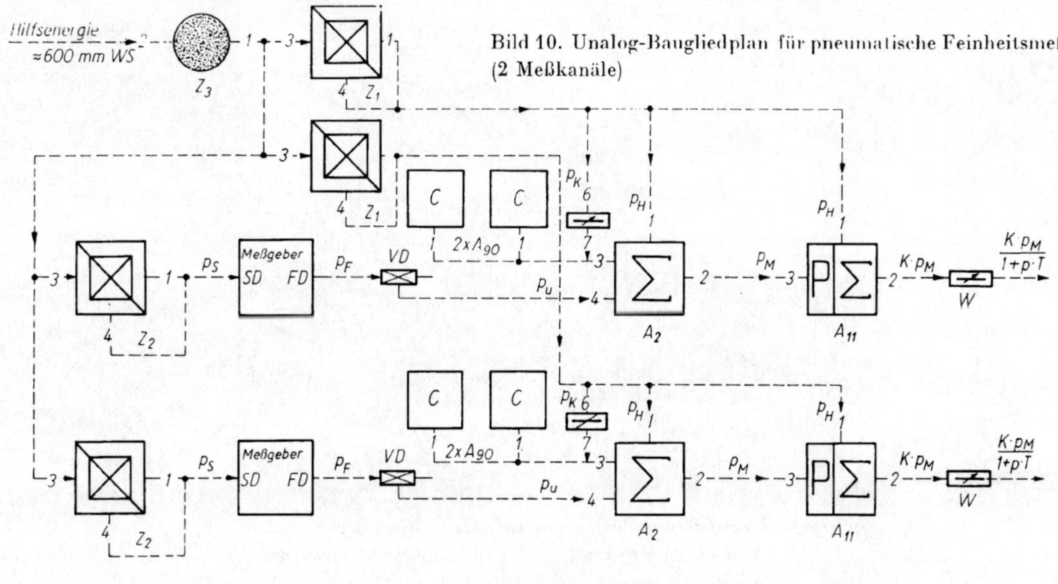

Bild 10. Unalog-Baugliedplan für pneumatische Feinheitsmeßgeber (2 Meßkanäle)

(ca. 130 mm WS) übernehmen die Hilfsdruckbausteine Z_1. Da der bei unbeeinflußtem Strömungsfeld entstehende Fangdruck kompensiert werden muß, erfolgt in den Summierverstärkerbausteinen A_2 zunächst eine Subtraktion des Fangdrucksignals von einem einstellbaren geregelten Konstantdrucksignal p_K, das den Verstärkern A_2 ebenfalls zugeführt wird. Die jeweils beiden Speicherbausteine A_{90} verhindern durch ihre große Dämpfungswirkung eine Rückwirkung schneller Fangdruckänderungen auf den Konstantdruck p_K. Die Subtraktion des dem Meßsignal entsprechenden Fangdruckes p_F vom Konstantdruck p_K erfolgt über eine Addition. Zu diesem Zweck wird der Fangdruck p_F mit Hilfe einer Venturidüse *VD*, die direkt am Fangdruckstutzen des Gebers angeschlossen wird, in den äquivalenten Unterdruck p_U umgeformt und dieser einem zweiten Signaleingang von A_2 zugeleitet. Das dem Meßwert entsprechende Differenzsignal p_M gelangt auf den Eingang des Verstärkerbausteins A_{11}, wo es bis zu zehnfach (stufenlos einstellbar) verstärkt werden kann. Das verstärkte Signal $K \cdot p_M$ kann über die Widerstände *W* zusätzlich nach Bedarf gedämpft werden. Am Ausgang der Verstärker A_{11} oder der Widerstände *W* steht es als der Fadenfeinheit entsprechendes Niederdrucksignal zur Registrierung, Anzeige oder weiteren Verarbeitung zu Verfügung.

An einem Zahlenbeispiel sei die statische Empfindlichkeit der Meßanordnung gezeigt:

$p_s = 400$ mm WS; $d_s = 1{,}0$ mm; $d_F = 1{,}4$ mm;
Feinheit eines PA-S-Fadens: 10 tex (Nm 100).
Eine Feinheitsänderung von $\pm 10\%$ erzeugt eine Meßwertänderung p_M von $\pm 2{,}5$ mm WS (unverstärkt), die bis auf ± 25 mm WS verstärkt werden kann.

Das dynamische Verhalten der pneumatischen Signalverarbeitungskette vom Meßgeber bis zum Ausgang des Verstärkerbausteins A_{11} wird allein durch die Übertragungseigenschaften der Unalog-Bausteine bestimmt. Aus der Registrierung von Sprungübergangsfunktionen zeigte sich nach Einstellung des aperiodischen Grenzfalles (am Widerstand *W*), daß das Übergangsverhalten abhängig von der Sprungrichtung ist. Im ungünstigsten Fall wird eine Einstellzeit von $t_E \leqq 0{,}6$ s erreicht. Nach [12] kommt man zur Grenzfrequenz $f_{g0,9}$ über die folgende Abschätzung

$$f_{g0,9} = 0{,}485 \cdot \frac{1}{0{,}2 \cdot t_E \cdot 2\pi} \approx 0{,}65 \text{ Hz}. \tag{8}$$

Wie ersichtlich, sind die dynamischen Eigenschaften bei pneumatischer Signalübertragung etwa um den Faktor 100 schlechter als bei dem vorher untersuchten Meßsystem mit pneumatisch-elektrischem Geber. Da das rein pneumatische Meßsystem eine größere Robustheit und eine bessere Nullpunktstabilität als der pneumatisch elektrische Signalverarbeitungszweig besitzt und außerdem kostengünstiger aufzubauen ist, erscheint es vorwiegend geeignet zur technologischen Primärdatenerfassung (z. B. als Eingangsinformation über die Fadenfeinheit für einen Prozeßrechner) oder als Regelkreisglied zur Regelung der Fadenfeinheit. Für die beiden letztgenannten Einsatzmöglichkeiten sind die dynamischen Eigenschaften durchaus ausreichend.

3.3. *Ergebnise der Einsatzerprobung*

Die Eignung des vorgestellten Meßsystems zur Feinheitsmessung bzw. -regelung im Chemiefaserstoffspinnprozeß wird abschließend an zwei ausgewählten Meß- bzw. Regelungsbeispielen nachgewiesen. Bild 11 zeigt in einem Meßbeispiel eine Zweikanalregistrierung der Feinheit eines PE-S-Fadens 7,6 tex (Nm 130). Der obere Meßschrieb stammt von einem kapazitiven Gleichmäßigkeitsprüfer (ungarisches Gerät YET FY-22), der untere von der Kombination pneumatisch-elektrischer Feinheitsmeßgeber-Trägerfrequenzverstärker UM 111. Die Meßwertaufnehmer beider Meßeinrichtungen waren unmittelbar hintereinander angeordnet, so daß der zu messende Faden beide nacheinander passierte.

Es zeigte sich, daß für einen objektiven Vergleich sowohl das kapazitive als auch das pneumatische Meßsignal gedämpft werden müssen. Die kurzperiodischen Feinheitsschwankungen über Fadenlängen von wenigen Millimetern sind nicht vergleichbar, da im vorliegenden Fall der pneumatisch-elektrische Geber eine Abtastlänge von etwa 1 mm, der kapazitive Geber aber eine Abtastlänge von 8 mm besitzt. Im langperiodischen

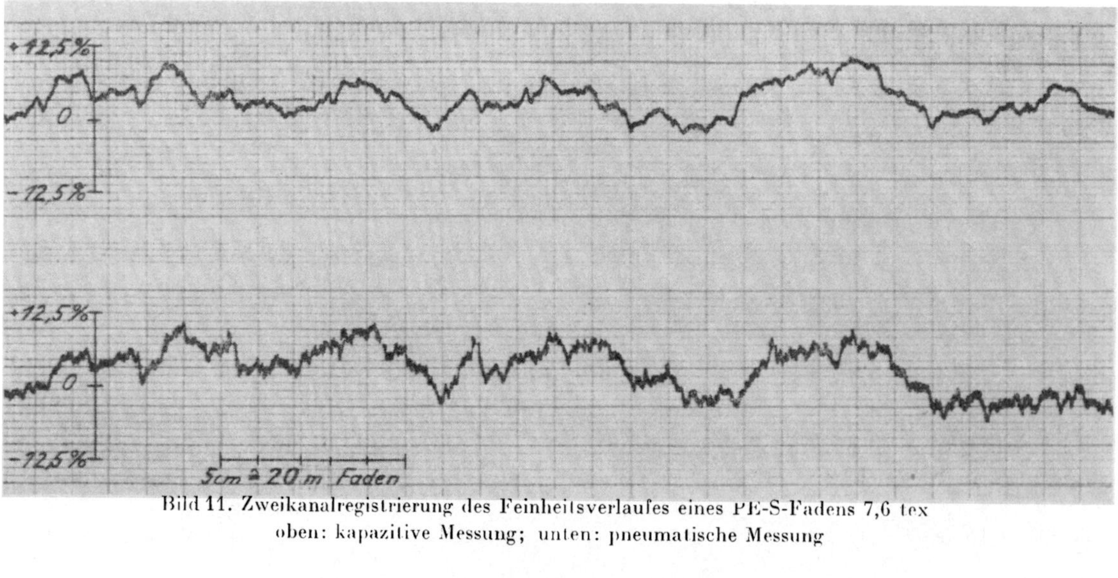

Bild 11. Zweikanalregistrierung des Feinheitsverlaufes eines PE-S-Fadens 7,6 tex
oben: kapazitive Messung; unten: pneumatische Messung

Bereich ist eine gute Übereinstimmung des relativen Verlaufes der Meßschriebe festzustellen.

Anhand eines technologischen Vergleichsversuches an einer Glasseidenspinnanlage konnte auch die Funktionstüchtigkeit des pneumatischen Meßgebers als Glied eines pneumatischen P-Reglers in einem Feinheitsregelkreis nachgewiesen werden. Die Feinheit des Fadens ist hierbei von der Abzugsgeschwindigkeit der Fäden aus den Spinndüsen einerseits und der in erster Linie glastemperaturabhängigen ausfließenden Glasmasse je Zeiteinheit aus den Spinndüsen abhängig. Alle bisher bekannten Regelungen an solchen Anlagen zielen darauf ab, die Temperatur oder eine mit ihr in einem mehr oder weniger straffen Zusammenhang stehende elektrische Größe, wie Heizspannung, Heizstrom oder Heizleistung, durch eine Regelung konstant zu halten. Damit können jedoch die während eines Spinnspulenabzuges infolge der durch die ständige Durchmesserzunahme anwachsenden Abzugsgeschwindigkeit verursachten periodischen Feinheitsschwankungen des Fadens nicht eliminiert werden. Die Beseitigung dieser Feinheitsschwankungen kann nur mit einer echten Feinheitsregelung genügend gut erreicht werden. Da die Fäden im Glasseidenspinnprozeß prinzipiell in nasser Form vorliegen, bot sich der Einsatz des pneumatischen Meßgebers als Regelkreisglied an [12].

Nach einer umfangreichen Auswertung der Feinheitsungleichmäßigkeit von Spinnfäden, die mit verschiedenen Regelungsarten ersponnen wurden, zeigte sich nach Einbeziehen von Verfahren der Korrelations- und Spektralanalyse, daß allein bei dem mit dem pneumatischen Meßsystem aufgebauten Feinheitsregler der periodische Spinnspulenabzugseinfluß auf die Feinheit eliminiert werden konnte.

Das vorgestellte Meßverfahren scheint damit in seiner relativen Einfachheit und Robustheit am ehesten geeignet, zur Meßwerterfassung der Feinheit im technologischen Prozeß der Chemiefaser-Erspinnung und -Verarbeitung eingesetzt zu werden.

4. *Zusammenfassung*

Nach einer kurzen Einführung, die auf die Notwendigkeit und auf die Besonderheit der Aufgabenstellung zur Fadenfeinheitsmessung im technologischen Prozeß der Chemieseideherstellung und -verarbeitung eingeht, werden vergleichende Überlegungen angeführt, die zum auf dem pneumatischen Freistrahlprinzip basierenden Grundgedanken des Meßverfahrens führten.

Dieser geht davon aus, das bekannte pneumatische Strahldüse/Fangdüse-System mit Steuerfahne, das gewöhnlich zur Umformung kleinster Wegänderungen in proportionale Druckänderungen benutzt wird, so zu modifizieren, daß die teilweise Abdeckung des turbulenten Freistrahles statt von der Steuerfahne von einem zwischen Strahl- und Fangdüse befindlichen Faden übernommen wird.

Nach Angabe der theoretischen strömungstechnischen Grundgesetze, denen der Fangdruck im unbeeinflußten Strömungsfeld gehorcht, wird für das durch den Faden beeinflußte Strömungsfeld anhand experimenteller Ergebnisse gezeigt, daß der bei sich ändernden Fadenfeinheiten sich ändernde Fangdruck des Reststrahles ein Maß für die Fadenfeinheit ist. Störeinflüsse auf das Meßergebnis und ihre Vermeidung werden diskutiert.

An zwei praktisch ausgeführten Meßgebern mit nachgeschalteten Signalverarbeitungsgliedern wird das dynamische Übertragungsverhalten des Meßprinzips teils theoretisch, teils experimentell bestimmt. Bei den beiden Meßgebern handelt es sich um

a) einen pneumatisch-elektrischen Feinheitsmeßgeber mit nachfolgender elektrischer Signalverarbeitungskette, vorwiegend geeignet für Untersuchungen zur Prozeßanalyse (Grenzfrequenz 50 Hz, Ausgangssignal elektrisch), und
b) um einen pneumatischen Feinheitsmeßgeber mit nachfolgender pneumatischer Signalverarbeitungskette (bestehend aus in der DDR industriell gefertigten Niederdruckpneumatikbausteinen des Systems Unalog), vorwiegend geeignet als Regelkreis- bzw. Primärdatenerfassungsglied (Grenzfrequenz ca. 1 Hz, Ausgangssignal pneumatisch).

Die benutzten Schaltungen und die erhaltenen Untersuchungsergebnisse werden dargelegt.

Die Funktionstüchtigkeit des vorgestellten Meßverfahrens wird anhand von zwei Beispielen dargestellt. Hierbei handelt es sich um

a) einen Vergleichsversuch, bei dem die vom pneumatisch-elektrischen Feinheitsmeßgeber aufgenommenen Zeitfunktionen der Feinheit eines laufenden Fadens den von einem kapazitiven Meßgeber stammenden Zeitfunktionen des gleichen Fadens gegenübergestellt werden, und
b) einen Vergleichsversuch an einer Glasseidenspinnanlage, bei dem die Ergebnisse einer Feinheitsregelung, die mit dem pneumatischen Feinheitsmeßgeber als Glied eines pneumatischen Regelkreises aufgebaut wurde, den Ergebnissen gegenübergestellt werden, die mit bisher üblichen Regelungen indirekter Prozeßvariabler erreicht wurden.

Der Beitrag schließt mit einer kurzen Einschätzung der praktischen Bedeutung des vorgestellten Meßverfahrens im Rahmen der Automatisierung der Chemiefaserstofftechnologie ab.

Literatur

[1] *Bobeth, W.:* Methoden der kontinuierlichen Garnprüfung. Wiss. Ann. DAW Berlin **4** (1955) 1, S. 40–49.
[2] *Wegener, W.,* und *Zahn, W.:* Prüfapparate und Methoden zur Ermittlung der Garnungleichmäßigkeit. Textil-Praxis **9** (1954) 1, S. 21–25, S. 134–141.
[3] *Wegener, W.,* und *Bechlenberg, H.:* Regelanlage zum Vergleichmäßigen von Faserbändern. Textil-Praxis **14** (1959) S. 129–132.
[4] *Meyer, S.:* Pneumatischer Gleichmäßigkeitsprüfer für Bänder und Fäden. Faserforsch. u. Textiltechnik **8** (1957) 10, S. 417–427.
[5] *Wächter, R.,* und *Beyreuther, R.:* Die Anwendung der Niederdruckpneumatik zur Messung von Feinheitsschwankungen an Vorgarnen. Wiss. Z. TH Karl-Marx-Stadt **4** (1962) 4, S. 333–341. Dt. Textiltechnik **13** (1963) 9, S. 455–462.
[6] *Töpfer, H.,* und *König, G.:* Verhalten des Systems „Strahldüse-Fangdüse". Teil I. II. Z. Messen, Steuern, Regeln **4** (1961) 7, S. 305–310; 8, S. 333–338.
[7] Dubbels Taschenbuch für den Maschinenbau. Berlin/Göttingen/Heidelberg: Springer 1956. Bd. I, S. 228.
[8] *Töpfer, H.,* und *König, G.:* [6], S. 306, Gleichungen (11) bis (17).
[9] *Isermann, R.:* Frequenzgangmessung an Regelstrecken durch Eingabe von Rechteckschwingungen. Regelungstechnik **11** (1963) 9, S. 404–407.
[10] *Woschni, E.-G.:* Meßdynamik, eine Einführung in die Theorie dynamischer Messungen. Leipzig: Hirzel 1964, S. 26–27.
[11] Unalog-System. Prospektheft des VEB Geräte- und Reglerwerke Teltow, DDR.
[12] *Beyreuther, R.:* Theoretische und experimentelle Untersuchungen über die technologischen Ursachen und über die Möglichkeiten zur Verminderung der Feinheitsungleichmäßigkeit von düsengezogener Glasseide. Dissertation TU Dresden, Fakultät für Technologie, 1968.

Eingegangen am 24. Juli 1972

Beiträge zur thermischen Analyse von Cellulosefaserstoffen[1]

Günther von Hornuff, Technische Universität Dresden, Sektion Chemie, und

Günther Müller, Akademie der Wissenschaften der DDR, Institut für Technologie der Fasern in Dresden

DK [677.1/.2+677.46]:677.8:677.014.2/.3:677.017.56:536.495:543.226

Die Ursachen des unterschiedlichen thermischen Verhaltens und die Einflüsse von Veredlungsvorgängen auf die thermische Beständigkeit von Cellulosefaserstoffen werden untersucht. Weiterhin wurde geprüft, ob sich aus DTA-Untersuchungen von Cellulosefaserstoffen Rückschlüsse auf die Struktur oder andere interessierende Parameter der Cellulosefaserstoffe ziehen lassen.

К термическому анализу целлюлозных волокон

Проведено изучение причин различного термического поведения целлюлозных волокон и влияния процессов отделки на их термическую устойчивость. Кроме того, изучалась возможность получения информации о структуре или других важных параметрах целлюлозных волокон на основе данных дифференциально-термического анализа.

Contributions to the Thermal Analysis of Cellulose Fibers

The causes of differences in thermal properties and the effects of finishing processes on the thermal stability of cellulose fibres have been investigated. The results of DTA measurements are discussed with respect to possible conclusions to the structure and other interesting parameters of cellulose fibres.

1. *Literaturüberblick über bisher erfolgte DTA-Untersuchungen an Cellulosefaserstoffen auf textilem Gebiet*

Speziell an Cellulosefaserstoffen durchgeführte Differentialthermoanalysen erfolgten auf textilem Gebiet unter verschiedenen Gesichtspunkten. Eine Zusammenstellung darüber zeigt Tabelle 1.

Tabelle 1. DTA-Analysen an Cellulosefaserstoffen

Bearbeiter	Untersuchung
Schwenker, Beck, Zuccarello [1]	Thermisches Verhalten von Baumwolle sowie modifizierter Baumwolle (mit Disulfiden vernetzte, tosylierte, thioacetylierte, cyanoäthylierte, mit PVY gepfropfte)
Hatakeyama, Kanetsuna [2]	Bestimmung von Glasumwandlungstemperaturen von Baumwolle und amorpher Cellulose zwischen 20 und 200°C
Conrad, Stanonis [3]	Thermisches Verhalten von benzhydrilierter Baumwolle
Gillham, Schwenker [4]	Thermische Beständigkeit von Cellulosetriacetatfasern
Tarim, Cates [5]	DTA der Fasermischung aus DACRON und Baumwolle
Miller [7 bis 9]	Einfluß von Trimethylolmelamin und Nitraten auf die thermische Beständigkeit von Baumwollcellulose
Mack, Donaldson [10]	Veränderung der thermischen Beständigkeit und des Abbaues von Baumwolle durch Anwesenheit von Alkalien
Baudisch, Lukanoff [11]	Untersuchung des thermischen Verhaltens von mercerisierter Baumwolle, die formalisiert bzw. cyanoäthyliert wurde

[1]) Auszug aus der Dissertation von *G. Müller*, TU Dresden, Fakultät für Mathematik und Naturwissenschaften, Juli 1970. Auszugsweise als Manuskript gedruckt in Wiss. Z. Techn. Univ. Dresden **20** (1971) 3, S. 699–705.

In den Veröffentlichungen [1 bis 11] wurden DTA-Kurven von reinen und modifizierten Cellulosefaserstoffen angegeben. Daraus konnten die Zersetzungstemperaturen bzw. Umwandlungspunkte ermittelt werden.

Quantitative Auswertungen der Zersetzungsenergien wurden nur bei DTA-Untersuchungen von mit Flammenschutzmitteln oder Alkalien bzw. alkalisch reagierenden Stoffen imprägnierter Cellulosen, sowie bei der DTA von modifizierten Baumwollcellulosen vorgenommen. Da die Ergebnisse der veröffentlichten DTA-Untersuchungen von den unterschiedlichen apparativen Bedingungen abhängig sind (z. B. Aufheizungsgeschwindigkeit), können die Werte nicht immer miteinander verglichen werden.

Quantitative Untersuchungen über die Pyrolysewärmen im Inertgas von verschiedenen Cellulosefaserstoffproben unter gleichen Bedingungen liegen nicht vor.

2. *Apparatives*

Die von *v. Hornuff* und *Jacobasch* [12, 13] zur Untersuchung von Synthesefaserstoffen im Vakuum verwendete Apparatur wurde für die Untersuchung von Cellulosefaserstoffen im Inertgas abgeändert. Die gesamte DTA-Apparatur (Bild 1) besteht aus

DTA-Meßzelle,
Ofen zum Aufheizen der Meßzelle,
Zweikanalschreiber zur Registrierung der DTA-Spannung sowie der Probentemperatur.

Die DTA-Apparatur ist zweiteilig und besteht aus Rasothermglas. Während das Unterteil der Meßzelle fest eingespannt ist, kann das obere Schutzrohr entfernt werden. Die Meßzelle ist durch ein im Unterteil angesetztes Rohr IV evakuierbar und kann durch Rohr IV mit Inertgas gefüllt werden. Das Glasrohr III dient zur Halterung eines Pt-Pt/Rh-Thermoelementes zur Messung der Temperatur innerhalb der Meßzelle. Die Glasrohre I und II tragen die beiden Thermoelemente zur Bestimmung der Temperaturdifferenz zwischen Probe und Inertsubstanz. Sämtliche Thermodrähte sind durch Keramikrohre innerhalb der Glasrohre isoliert. Am unteren Ende der Glasrohre sind die Thermodrähte und Keramikrohre durch Picein vakuumdicht eingegossen. Durch Erwärmung des Piceins kann diese Kittstelle leicht wieder gelöst werden. Die Probenbehälter befinden sich über den Enden der Glasrohre I und II (Bild 2). Die Enden der Thermoelemente sind in einem Pt-Konus eingelötet. Dieser Konus

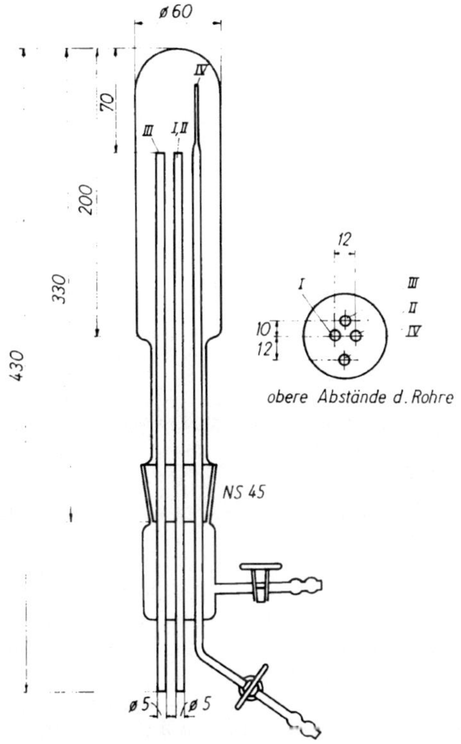

Bild 1. Meßzelle zur DTA-Apparatur mit Schutzrohr

paßt genau in einen Hohlkonus im Probenbehälter aus Pt. Dadurch können die Probenbehälter von den Thermoelementen zum Zwecke der Reinigung leicht entfernt und mit reproduzierbarer Wärmeleitfähigkeit wieder auf die Thermoelemente aufgesetzt werden.

Die sehr hygroskopischen Cellulosefaserstoffe müssen zur DTA-Untersuchung außerhalb der Meßzelle in den Probenbehälter eingewogen werden, wobei sie unkontrollierbare Mengen Wasser aufnehmen. Durch Verwendung eines Schutzrohres mit seitlich angesetztem Kolben (Bild 3) ist es möglich, die Probe innerhalb der Meßzelle zu trocknen oder zu klimatisieren. Dabei enthält der Kolben P_2O_5 oder Elektrolytlösung bestimmter Konzentration.

Als Ofen dient ein Al-Block, der elektrisch beheizbar ist und in einer zentrischen Bohrung das Schutzrohr der Meßzelle aufnehmen kann.

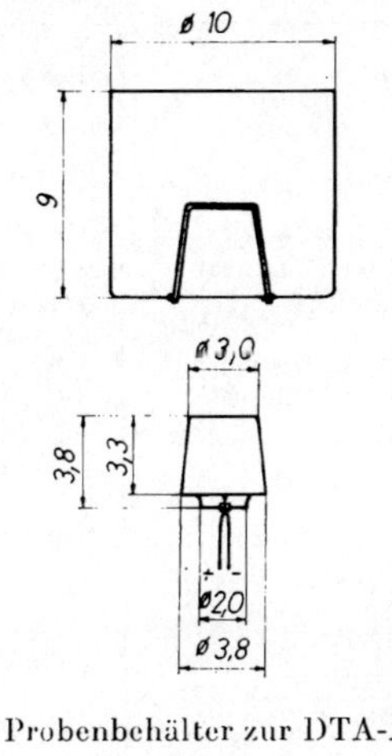

Bild 2. Probenbehälter zur DTA-Apparatur

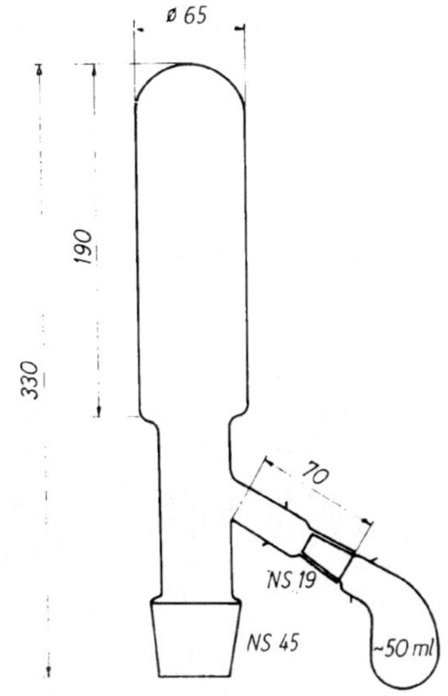

Bild 3. Schutzrohr mit seitlichem Ansatz und aufgesetztem Kolben

Durch DTA geringer Mengen von Substanzen mit bekannten Schmelz- oder Umwandlungspunkten wurde die Abhängigkeit der Thermospannung von der Probenbehältertemperatur ermittelt. Die Thermospannung des Pt-Pt/Rh-Thermoelementes, die am Übergangspunkt der Nullinie in den DTA-Peak vorlag, entsprach der entsprechenden Schmelz- oder Umwandlungstemperatur. Geeignete Testsubstanzen sind in Tabelle 2 zusammengestellt.

Da sich die Probe in einem Metallgefäß befindet und dieses thermisch leitend mit den Thermoelementen verbunden ist, kann die Umwandlungswärme der Probe quantitativ bestimmt werden. Es liegt das Meßprinzip der Dynamischen Differenz-Kalorimetrie von *Schwiete* und *Ziegler* [14] vor. Die DTA-Peakfläche ist der Wärmetönung der Reaktion proportional.

Das Eichen zur quantitativen Bestimmung der Umwandlungswärme erfolgte durch DTA-Aufnahmen von Substanzen mit bekannten Schmelzwärmen. Von den Eichsubstanzen wurden nun genau je 0,1 g in den DTA-Probenbehälter gebracht und untersucht. Nach Planimetrieren der DTA-Peakfläche konnte die Größe cal/cm² für jede Substanz

Tabelle 2. Testsubstanzen zur Bestimmung der Probentemperatur

Azobenzol	F	68,0 °C
Benzil	F	95,0 °C
Acetanilid	F	115,0 °C
Kaliumnitrat	Umwandlungspunkt	127,7 °C
Phenacetin	F	135,0 °C
Natriumnitrit	Umwandlungspunkt	162,0 °C
Benzanilid	F	163,0 °C
Bernsteinsäure	F	187,0 °C
Dicyandiamid	F	210,0 °C
Natriumnitrit	F	271,0 °C
Kaliumperchlorat	Umwandlungspunkt	299,5 °C
Natriumnitrat	F	306,0 °C
Zinkchlorid	F	318,0 °C
Kaliumnitrat	F	337,0 °C
Kaliumbichromat	F	398,0 °C
Kupfer(I)-chlorid	F	430,0 °C
Bariumacetat	F	450,0 °C

Tabelle 3. Abhängigkeit des für die DTA-Meßzelle spezifischen Kalorienäquivalentes cal/cm² DTA-Peakfläche von der Temperatur (Vollausschlag des Schreibers 25 cm bei 1 mV Spannung, Transportgeschwindigkeit 240 mm/h)

Substanzen	Umwandlungstemperatur	Schmelz- bzw. Umwandlungsenthalpie kcal/mol	cal/cm²
Azobenzol	68,0 (F)	4,83 ; 5,9	0,2710; 0,3313
Benzil	95,0 (F)	4,65 ; 4,63	0,2222
Kaliumnitrat	127,7 (U)	1,219	0,2903
Kaliumperchlorat	299,5 (F)	3,290	0,3660
Natriumnitrat	306,0 (F)	3,43	0,3755
Kaliumnitrat	337,0 (F)	2,296	0,4205
Kaliumbichromat	398,0 (F)	8,770	0,4255

errechnet werden. Da mit ansteigender Temperatur auch die Abstrahlung wächst, steigt der Wert cal/cm² mit steigender Temperatur an (Tabelle 3).

Das Verhältnis cal/cm² wurde graphisch über der Umwandlungstemperatur aufgetragen. Die Abhängigkeit kann als linear angesehen werden.

Die DTA-Untersuchungen der Cellulosefaserstoffe wurden im sauerstofffreien Argon als Inertgas (wiederholte Evakuierung und Füllung der Meßzelle mit Argon erforderlich) ausgeführt. Während der DTA-Untersuchung wurde kein Argon durch die Apparatur geleitet. Der Tiegel für die Inertsubstanz blieb leer. Inertsubstanz war das Platin dieses Tiegels.

Auf die üblichen Inertsubstanzen, wie Al_2O_3, wurde verzichtet, da sie durch Adsorption von Pyrolyseprodukten der Cellulose den DTA-Kurvenverlauf beeinflussen könnten.

Da auf Grund des unterschiedlichen DP der Cellulosefaserstoffe die Zersetzungsenergie nicht auf eine einheitliche rel. Molekülmasse bezogen werden kann, wurden von den Cellulosefaserstoffen stets 0,1 g analysiert.

3. Charakterisierung der untersuchten Cellulosefaserstoffe

Die untersuchten Cellulosefaserstoffe sind in Tabelle 4 angegeben und näher charakterisiert. Sie werden in der vorliegenden Arbeit mit den in der letzten Spalte von Tabelle 4 angegebenen Kurzbezeichnungen benannt. Die Baumwolle wurde alkalisch abgekocht, Ramie degummiert. Die hier untersuchten Proben von VI-S VISETA, Cuoxamseide sowie VI-S Supercord 2 durchliefen das Avivagebad nicht.

Die VI-F MERINOVA wurde durch alkalische Wäsche und Extraktion mit organischen Lösungsmitteln von der Präparation befreit.

Bei einem Teil der Regeneratcellulosefaserstoffe VI-F MERINOVA sowie VI-S VISETA wurde das Waschwasser der letzten Reinigungsstufe nach der Faserherstellung nicht durch Trocknen bei höherer Temperatur, sondern durch Austausch mit Alkohol steigender Konzentration entfernt. Die so erhaltenen Regeneratfaserstoffproben wurden als VI-F MERINOVA „Gelzustand" bzw. VI-S VISETA „Gelzustand" bezeichnet. Einzelheiten über die Reinigung sind in [15] beschrieben.

4. Untersuchung des thermischen Verhaltens der Cellulosefaserstoffe unter Verwendung von Argon sauerstofffrei als Schutzgas

Die DTA-Kurven der Cellulosefaserstoffproben (Bild 4) haben prinzipiell den gleichen Verlauf. Er stimmt mit dem aus den Literaturangaben überein (Abschnitt 1).

Zuerst scheint ein endothermer Peak mit dem Maximum bei etwa 120 °C. Hier erfolgt die Entfernung des physikalisch gebundenen Wassers. Bei etwa 300 bis 340 °C erscheint ein weiterer endothermer Peak, der durch Zersetzung der Cellulose bedingt ist. Dieser Peak geht teilweise in einen kleinen, exothermen Peak über.

4.1. Vergleich des DTA-Verhaltens der Cellulosefaserstoffe

Wie aus den DTA-Aufnahmen ersichtlich ist, zeigen die Cellulosefaserstoffe unterschiedliche Entwässerungspeaks. Ihre Größe ist bei diesem Verfahren nicht aussagekräftig, da die Cellulosefaserstoffproben während des Einwägens unkontrollierbare Mengen Wasser aus der Luft aufnehmen und einen Teil ihrer Feuchte durch das Evakuieren wieder verlieren. Es ergeben sich aber deutliche Unterschiede in den Zersetzungspeaks.

In der Tabelle 5 sind die aus den DTA-Kurven ablesbaren Werte des Zersetzungspeaks zusammengestellt. Es handelt sich dabei um Mittelwerte aus mindestens zwei Messungen.

Tabelle 4. Charakteristik der Cellulosefaserstoffe

Untersuchte Cellulosefaserstoffe	nähere Charakterisierung	Ursprungsland Hersteller	Bezeichnung in dieser Arbeit
Baumwolle, alkalisch abgekocht	Stapellänge 31···32 mm	Sowjetunion	Baumwolle
Ramie, degummiert		Philippinen	Ramie
Viskosefaser MERINOVA Viskosefaser MERINOVA „Gelzustand"	ohne Präparation und Mattierungsmittel Stapellänge 5 cm, gebleicht, weiß, Nm 1000 (9 den)	VEB Chemiefaserwerk „Wilhelm-Pieck" Rudolstadt-Schwarza (DDR)	VI-F MERINOVA VI-F MERINOVA „Gelzustand"
Viskoseseide REGAN-Viskose Viskoseseide REGAN-VISETA „Gelzustand"	ohne Präparation und Mattierungsmittel weiß, Feintyp, Nm 75, 30 Kapillarfäden	VEB Sächs. Kunstseidenwerk „Siegfried Rädel" Pirna (DDR)	VI-S VISETA VI-S VISETA „Gelzustand"
Cuoxamseide REGAN-KUSETA	ohne Präparation und Mattierungsmittel weiß, Restkupfergehalt, 2···4 mg/100 g KUSETA, Nm 75, 88 Kapillarfäden	dgl.	Cuoxamseide
Viskoseseide Supercord 2 REGAN-COSETA	ohne Präparation und Mattierungsmittel, weiß, kochfest, Nm 5,45, 1500 Kapillarfäden	dgl.	VI-S Supercord 2

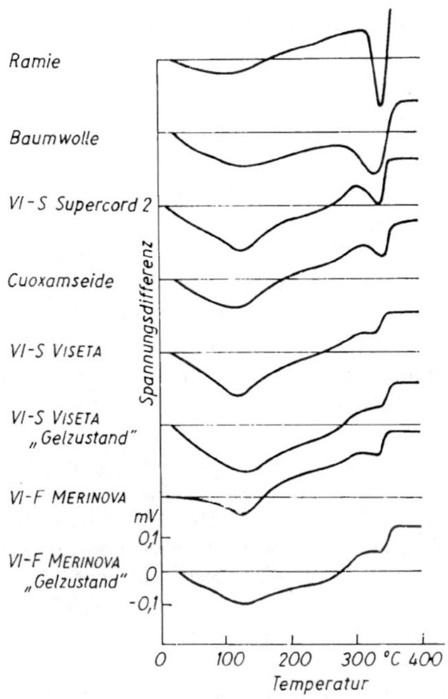

Bild 4. DTA-Aufnahmen von Cellulosefaserstoffen

Für alle Tabellen, in denen das thermische Verhalten von Cellulosefaserstoffen charakterisiert wird, werden folgende einheitliche Abkürzungen verwendet:

Zersetzungstemperatur am Peakanfang in °C t_A,
Zersetzungstemperatur am Peakmaximum in °C t_M,
Zersetzungstemperatur am Peakende in °C t_E,
Zersetzungsfläche in cm² F,
Energieaufnahme bei der Zersetzung in cal/g H.

Da auf Grund des unterschiedlichen DP der Cellulosefaserstoffe die Zersetzungsenergie nicht auf eine einheitlich rel. Molekülmasse bezogen werden kann, wurden in sämtlichen Tabellen die Energien in cal/g Cellulosefaserstoff angegeben.

4.2. *Auswertung*

4.2.1. *Zersetzungstemperaturen*

Während der deutliche Beginn der Zersetzung der Cellulosefaserstoffe zwischen 290 und 318 °C eintritt, liegen die Maxima aller Zersetzungspeaks in einem engen

Tabelle 5. DTA-Verhalten der Cellulosefaserstoffe

Cellulosefaserstoff	Zersetzungstemperatur °C			Zersetzungspeak	
	t_A	t_M	t_E	F_2 cm	H cal/g
Baumwolle	290	339	367	12,18	48,48
Ramie	318	343	362	9,67	38,60
VI-S VISETA	307	337	351	1,33	5,26
VI-S VISETA Gelzustand	303	339	357	0,93	3,69
VI-F MERINOVA	299	338	352	1,69	6,70
VI-F MERINOVA Gelzustand	303	337	354	1,51	6,00
VI-S Supercord 2	305	339	350	3,89	15,50
Cuoxamseide	311	343	358	2,21	8,78

Bereich zwischen 337 und 343 °C. Die höchste thermische Stabilität besitzt Ramie, die nächsthöhere Cuoxamseide. Der Zersetzungsbeginn ist aber außer bei Ramie nicht sehr deutlich ausgeprägt.

4.2.2. *Zersetzungsenergie*

Auf Grund der Eichung der Apparatur ist es möglich, die Energie quantitativ zu bestimmen, die zur Pyrolyse der Cellulosefaserstoffe im Inertgas nötig ist.

Da die DTA-Peakform, die bei der Umwandlung anorganischer Substanzen auftritt (Tabelle 3), schmal und hoch, bei der Pyrolyse von Cellulosefaserstoffen aber breiter und runder ist, kann die gefundene Umwandlungswärme von der tatsächlichen geringfügig abweichen. Die Abweichung liegt, wie vergleichende DTA-Untersuchungen an Polyacrylnitrilfaserstoffen mit bekannten Umwandlungstemperaturen zeigten, innerhalb der Fehlergrenze von etwa 5%.

Ein Vergleich der DTA-Aufnahmen der in Tabelle 4 charakterisierten Cellulosefaserstoffe ergibt, daß alkalisch abgekochte Baumwolle und degummierte Ramie die meiste Energie zur Pyrolyse in dem untersuchten Temperaturbereich benötigen.

Etwas weniger brauchen die Cellulosefaserstoffe VI-S Supercord 2 und Cuoxamseide. Die geringste Pyrolyseenergie erfordern die Viskosefaserstoffe.

5. *Untersuchung über die Gründe der unterschiedlichen Energieaufnahmen der einzelnen Cellulosefaserstoffe bei der Pyrolyse im Inertgas*

Zuerst interessierte in Analogie zu DTA-Untersuchungen von Synthesefaserstoffen der Einfluß bestimmter, für den Faserstoff spezifischer Parameter auf den DTA-Zersetzungspeak. Es konnte bewiesen werden, daß weder der Durchschnittspolymerisationsgrad noch der Ordnungsgrad der Cellulosefaserstoffe einen Einfluß auf die DTA-Zersetzungspeakgrößen haben. Lediglich die Form des DTA-Zersetzungspeaks ist vom Ordnungsgrad abhängig.

5.1. *Einfluß des DP-Grades auf die Pyrolyseenergie*

Der DP-Abbau wird durch Spaltung der glucosidischen Bindung hervorgerufen (Bild 5). Die gleichen Bindungsarten, die beim DP-Abbau gespalten werden (A, B), werden durch die Stabilisierung der Spaltprodukte wieder gebildet (C, D). Daraus geht hervor, daß der DP-Abbau, wenn überhaupt, dann aber mit keiner größeren Energieabgabe oder -aufnahme verbunden sein kann.

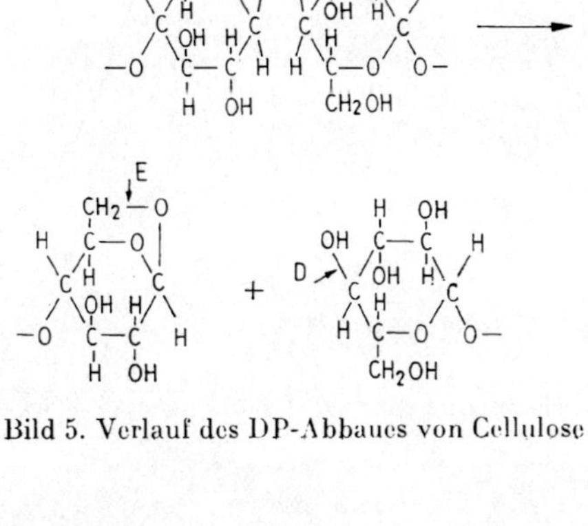

Bild 5. Verlauf des DP-Abbaues von Cellulose

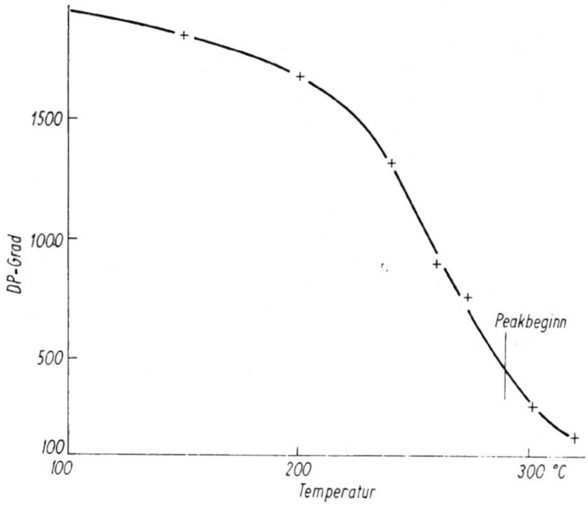

Bild 6. Verkleinerung des DP-Grades von Baumwolle durch Erhitzen im Inertgas

Trotzdem wurde der thermische DP-Abbau von alkalisch abgekochter Baumwolle sowie von Viskosefaser MERINOVA untersucht. Bild 6 zeigt den DP-Grad nach der Cuoxenmethode [16] von alkalisch abgekochter Baumwolle, die auf verschiedene Temperaturen in der DTA-Apparatur im Inertgas erhitzt wurde. Man erkennt, daß schon bei Temperaturen vor dem Zersetzungspeakbeginn ein deutlicher starker DP-Abbau eintritt, ohne daß eine Energieaufnahme durch die DTA-Untersuchung registriert wird. Ein ähnliches Bild zeigt auch VI-F MERINOVA (Bild 7).

Für die thermische Spaltung der 1,4-glucosidischen Bindung der Cellulose, die zum DP-Abbau führt, wird also außer der Aktivierungsenergie keine weitere Energie benötigt.

5.2. *Einfluß des Ordnungsgrades der Cellulosefaserstoffe auf die Pyrolyseenergie*

Die Bindungsenergie der zwischenmolekularen Wasserstoffbrücken bei Cellulose nimmt mit dem Ordnungsgrad des Cellulosefaserstoffes zu. Es wurde geprüft, ob nicht unterschiedliche Mengen zu spaltender

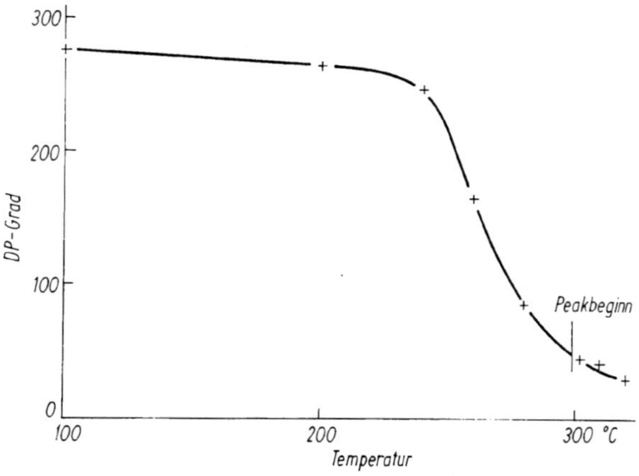

Bild 7. Verkleinerung des DP-Grades von VI-F-MERINOVA durch Erhitzen im Inertgas

Wasserstoffbrücken die Energieaufnahme bei Pyrolyse im Inertgas beeinflussen, bzw. ob die DTA-Zersetzungspeakgrößen der Cellulosefaserstoffe überhaupt vom Ordnungsgrad abhängen.

Von den untersuchten Cellulosefaserstoffen wurden Ordnungsgrade durch Accessibilitätsmessung mit 90%iger Ameisensäure sowie durch Bestimmung des Wasserrückhaltevermögens [18] bestimmt. Die nativen Cellulosefaserstoffe haben eine wesentlich geringere Zugänglichkeit, d. h. einen höheren Ordnungsgrad, als die Regeneratcellulosefaserstoffe. Innerhalb der Regeneratcellulosefaserstoffe und der nativen Cellulosefaserstoffe ergab sich keine befriedigende Korrelation zwischen Ordnungsgrad und DTA-Zersetzungspeakgröße.

Alkalisch abgekochte Baumwolle wurde durch Behandlung mit Zinkchloridlösung, Äthylendiamin sowie Natronlauge dekristallisiert [19]. Die stets eingetretene Dekristallisation war unterschiedlich und konnte durch die Bestimmung des Wasserrückhaltevermögens [18], der Jodsportion [20] und durch die Accessibilität gegenüber 90%iger Ameisensäure [17] nachgewiesen werden. Die gereinigten, verschieden stark dekristallisierten Baumwollproben zeigten bei DTA-Untersuchungen die gleiche DTA-Peakfläche wie alkalisch abgekochte Baumwolle. Der DTA-Zersetzungspeak einer Rohbaumwolle ist sogar exotherm. Die Rohbaumwolle weist nach Dichtemessung und Röntgenuntersuchung den gleichen Ordnungsgrad auf wie eine alkalisch abgekochte Baumwolle. Regeneratfaserstoffe, die mit verdünnter Salzsäure, Phosphorsäure, Essigsäure oder verdünntem Ammoniak 30 bis 60 min behandelt werden, ergeben bei DTA-Untersuchungen die gleichen DTA-Peakflächen wie alkalisch abgekochte Baumwolle. Der Ordnungsgrad der Regeneratcellulosefaserstoffe wurde durch diese Behandlung nicht verändert und lag weit unter dem der alkalisch abgekochten Baumwolle. Die anfangs nur für alkalisch abgekochte Baumwolle festgestellte große DTA-Zersetzungspeakfläche, die einer Energieaufnahme von etwa 50 cal/g entspricht, kann auch bei Regeneratcellulosefaserstoffen auftreten.

6. *TG-Aufnahmen*

Bild 8 zeigt die thermogravimetrischen Kurven von drei Baumwollproben im Inertgas. Die starken Unterschiede in der Menge des Pyrolyserückstandes sind im unterschiedlichen Pyrolysemechanismus zu suchen. Es zeigte sich, daß die zum thermischen Abbau der Cellulosefaserstoffe nötige Energie der entstehenden Menge flüchtiger Pyrolyseprodukte proportional ist. Durch Bestimmung der im flüchtigen Pyrolyseprodukt enthaltenen Mengen Wasser wurde festgestellt, daß die Menge des gebildeten Wassers der zur Pyrolyse nötigen Energie umgekehrt proportional ist. Diese Beziehung gilt für native sowie Regeneratcellulosefaserstoffe. Daraus ist ersichtlich, daß Cellulosefaserstoffe mit verschiedener Energieaufnahme bei Pyrolyse im Inertgas auch auf unterschiedlichen Wegen thermisch abgebaut werden, und daß die Energieunterschiede, die bei der Pyrolyse zwischen den einzelnen Cellulosefaserstoffen auftreten, durch verschiedene Abbaumechanismen zustande kommen. In den Bildern 9 und 10 sind die geschilderten Abhängigkeiten dargestellt.

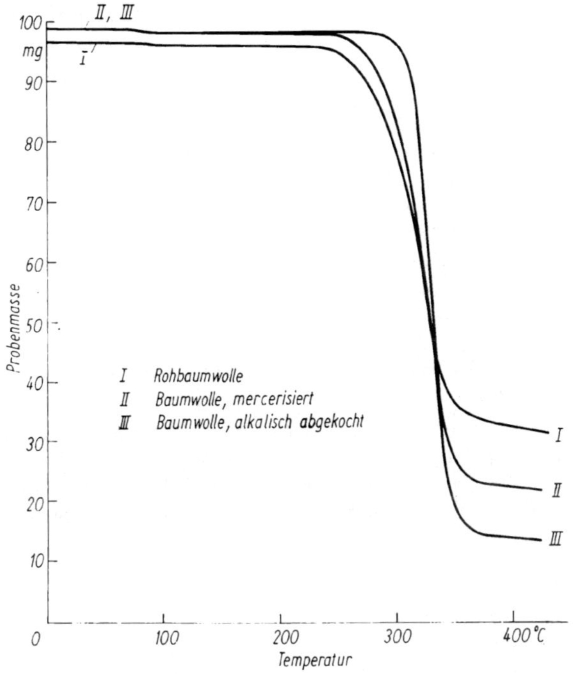

Bild 8. TG-Aufnahmen von verschiedenen Baumwollen in Argon (Aufheizgeschw. 5 grd/min)

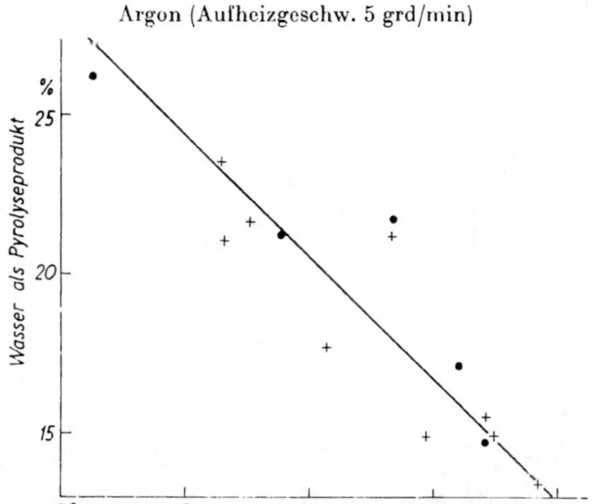

Bild 9. Beziehung zwischen Zersetzungsenergie und entstehender Menge Wasser durch Pyrolyse von Cellulosefaserstoffproben im Inertgas (• = native, + = regenerierte Cellulose)

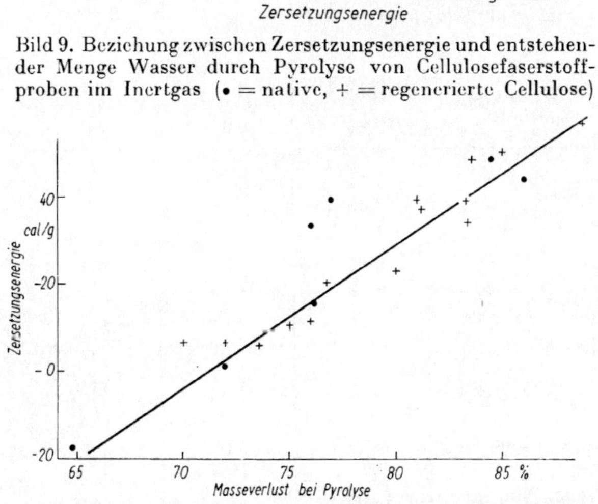

Bild 10. Beziehung zwischen Masseverlust bei Pyrolyse und Zersetzungsenergie von Cellulosefaserstoffproben im Inertgas (• = native, + = regenerierte Cellulose)

7. *Einfluß von Fremdstoffen auf die thermische Analyse von Cellulosefaserstoffen*

Intensiv ist die Wirkung von Flammenschutzmitteln (anorganische Salze) auf die Pyrolyse von Cellulose untersucht worden. Allgemein kann man sagen, daß die flammenhemmenden Zusätze den Pyrolysemechanismus dahingehend verändern, daß weniger Teer (Lävoglucosan), dafür aber mehr Wasser und kohlenstoffreicher Rückstand gebildet wird.

Der Vergleich von Literaturmitteilungen [10, 21, 22, 26, 29 bis 34] zeigt generell, daß die Pyrolyse von Cellulose durch anorganische Beimengungen z. T. sehr wesentlich verändert wird. Geringe Mengen Verunreinigungen wirken sich stark auf die Pyrolyseenergie sowie auf die Menge von Verkohlungsrückstand, Teer, Wasser und gasförmigen Verbindungen aus.

Die Wirkung der Verunreinigungen ist verschieden stark. Ein Gehalt von 2% $AlCl_3 \cdot 6H_2O$ senkt die Pyrolyseenergie nicht. 2% Borax erniedrigt auf etwa 65%, 2% Ammoniumdihydrogenphosphat auf 89% der Wärmemenge der unbehandelten Probe. Einen stärkeren Einfluß haben Alkalien und alkalisch wirkende Salze. Durch einen Gehalt von nur 0,05% NaOH wird die Zersetzungsenergie auf 54% des Ausgangswertes gesenkt. Ein Gehalt von über 0,28% NaOH führt zu einer exothermen Zersetzung. In der gleichen Richtung, nur nicht so stark, wirkt Natriumacetat. Alle Cellulosefaserstoffe mit großer Pyrolyseenergie zeigen einen starken Masseverlust bei der Pyrolyse.

Vergleicht man die Literaturmitteilungen mit den Ergebnissen der eigenen Untersuchungen über die Pyrolyse von Cellulosefaserstoffen, so ergeben sich Ähnlichkeiten. Mit Zunahme der DTA-Zersetzungspeakfläche steigt der Masseverlust an, die entstehende Wassermenge nimmt ab. Es ist deshalb anzunehmen, daß auch die gefundenen Unterschiede in den Zersetzungsenergien der in dieser Arbeit untersuchten Cellulosefaserstoffe in dem unterschiedlichen Gehalt von anorganischen Bestandteilen zu suchen sind. Diese Annahme wurde überprüft.

7.1. *Aschegehalt der untersuchten Cellulosefaserstoffe*

In Tabelle 6 sind die Aschegehalte einiger Cellulosefaserstoffe nach verschiedenen Vorbehandlungen den Zersetzungsenergien gegenübergestellt.

Auswertung. Zwischen Aschegehalt der vorgenannten Cellulosefaserstoffe und ihrer Zersetzungsenergien ist noch kein genereller Zusammenhang zu erkennen. Jeder Cellulosefaserstoff enthält aber andere Begleitstoffe, die die Zersetzungsenergie unterschiedlich beeinflussen können, wie ein Vergleich mit den aus der Literatur bekannten Ergebnissen zeigt. Eine Behandlung mit verdünnten Säuren, Ammoniak oder Wasser erniedrigt den Aschegehalt, erhöht generell die Zersetzungsenergie. Auch hier besteht kein Zusammenhang zwischen Verlust anorganischer Substanz und dem Ausmaß der Zunahme der Zersetzungsenergie. Es werden jeweils verschiedene Substanzen extrahiert. Der Substanzrest beeinflußt das DTA-Verhalten bei jeder Cellulosefaserstoffprobe in anderer Weise.

Ogiwara und *Kubota* [35] stellten fest, daß Metallionen auf zweierlei Art an die Cellulose gebunden werden:

1. Durch Ionenbindung an immer vorhandene COOH-Gruppen,
2. durch Chelatbildung.

Tabelle 6. Aschegehalte und Zersetzungsenergie verschieden vorbehandelter Cellulosefaserstoffe

Cellulosefaserstoffe		Achegehalt %	Zersetzungsenergie cal/g
I Rohbaumwolle (sowjetische)		1,01	−17,6
II Rohbaumwolle, extrahiert mit Methylenchlorid/Äther, Alkohol, Wasser		0,33	39,3
III Baumwolle, mercerisiert		0,22	15,3
IV Rohbaumwolle, alkalisch abgekocht		0,07	48,5
Ramie, roh		0,92	2,4
Ramie, degummiert		0,52	38,6
VI-S VISETA		0,40	5,3
VI-S VISETA „Gelzustand"		0,23	3,4
VI-F MERINOVA		0,26	6,7
VI-F MERINOVA „Gelzustand"		0,27	6,0
VI-S Supercord 2		0,21	15,5
Cuoxamseide		0,14	8,8
VI-F MERINOVA, behandelt 30 min bei 20 °C mit			
	verd. HCl (50 ml konz./l)	0,0085	35,6
	verd. Essigsäure (10%ig)	0,032	54,1
	verd. NH_4OH (10%ig)	0,044	56,5
VI-F MERINOVA, mit Wasser behandelt			
	1mal	0,18	10,0
	5mal	0,13	17,8
	10mal	0,08	31,3
VI-F MERINOVA „Gelzustand", mit Wasser behandelt	1mal	0,14	13,0
	5mal	0,11	15,0
	10mal	0,09	26,2
VI-S VISETA, mit Wasser behandelt			
	1mal	0,28	28,1
	5mal	0,12	28,3
	10mal	0,10	29,6

Die beiden Bindungsarten treten bei verschiedenen Kationen in unterschiedlichen Anteilen auf. Metallionen, die durch Ionenbindung gebunden sind, können leicht durch Behandlung mit 0,1 n HCl entfernt werden, während das bei Chelatbindungen nicht möglich ist. So wurden Ca^{2+} und Fe^{2+} durch 0,1 n HCl vollständig, Fe^{3+} und Ce^{4+} nur zu 80% entfernt. Ähnliche Verhältnisse werden bei den hier untersuchten Cellulosefaserstoffen vorliegen.

Aus den Ergebnissen von Tabelle 6 kann aber nicht mit Sicherheit der Einfluß von Begleitstoffen auf das thermische Verhalten der untersuchten Cellulosefaserstoffe abgeleitet werden. Es wurden deshalb zwei gereinigte Cellulosefaserstoffproben mit anorganischen Substanzen behandelt und das DTA-Verhalten der entstandenen Proben geprüft.

7.2. DTA-Verhalten von mit Salzlösungen behandelter VI-F MERINOVA

Gereinigte VI-F MERINOVA wurde mit Salzlösungen, die die gleichen Kationen wie das Fällbad bei der Faserherstellung enthielten, behandelt. Die erhaltenen Proben wurden nach 4 h Trocknen bei 105 °C differentialthermoanalytisch wie üblich untersucht.

Vorbehandlung der Cellulosefasern

Je 25 g VI-F MERINOVA wurden bei 20 °C 30 min entweder mit 3 l

10%iger Essigsäure (Probe 1) oder
10%igem Ammoniak (Probe 2)

behandelt. Jede Probe wurde gut mit dest. Wasser ausgespült und 4 h bei 105 °C getrocknet.

Je 3 g der Proben 1 und 2 wurden mit den in Tabelle 7 angegebenen Lösungen (500 ml) behandelt. Danach wurde teilweise gründlich gespült und bei 105 °C 4 h getrocknet. Die Behandlungsbedingungen, Aschewerte sowie DTA-Ergebnisse sind in Tabelle 7 zusammengestellt.

Auswertung: Die Ergebnisse dieser Untersuchung (Tabelle 7) sind sehr interessant und aufschlußreich.

1. Die Zersetzungsenergie ist nicht nur allein von der Höhe des Aschegehaltes, sondern auch von Ihrer chemischen Zusammensetzung abhängig, denn bei

Tabelle 7. Aschegehalte, DTA-Werte von behandelten Regeneratcellulosefasern (VI-F MERINOVA)

Gruppe	Probe	Behandlungszeit min	Bestandteile der Behandlungslösung/l	nach Behandlung gespült	Aschegehalt %	DTA-Werte H cal/g	DTA-Werte t_m °C
A	1 2	10	90 g H_2SO_4 320 g Na_2SO_4 10 g $ZnSO_4$	ja	0,41 0,028	51,0 46,4	328 335
B	1 2	120	100 g Na_2SO_4	ja	0,11 0,15	17,2 16,4	340 340
C	1 2	120	10 g Na_2SO_4	ja	0,13 0,13	20,3 14,5	341 341
D	1 2	120	10 g $ZnSO_4$	ja	0,15 0,17	48,5 46,9	314 319
E	1 2	120	3,2 g Na_2SO_4 0,1 g $ZnSO_4$	nein, nur abgesaugt	0,70 0,75	15,3 10,3	340 338
F	1 2	—	unbehandelt	—	0,032 0,044	54,1 56,5	325 320
G	VI-F MERINOVA		unbehandelt	—	0,28	6,7	338

etwa gleichen Aschegehalten ergeben sich unterschiedliche Zersetzungsenergien (B, C, D), während Proben mit verschiedenen Aschegehalten gleiche Zersetzungsenergien zeigen (B, E).

2. Gruppe F: Durch die Behandlung von VI-F MERINOVA mit verd. Essigsäure und verd. Ammoniak und anschließendem Spülen mit Wasser wird der Aschegehalt um fast eine Zehnerpotenz erniedrigt. Parallel dazu steigt die Zersetzungsenergie der Probe um ebenfalls fast eine Zehnerpotenz an. Die Zersetzungstemperatur wird aber deutlich um etwa 15 grd erniedrigt.
3. Gruppe A: Werden nun diese Proben mit einer starken Elektrolytlösung in Gegenwart von viel Mineralsäure behandelt (die Lösung entspricht dem Fällbad) und anschließend gut gespült, so steigt der Aschegehalt nicht an. Die Zersetzungsenergie wird ebenfalls praktisch nicht verändert, die Zersetzungstemperatur nimmt aber wieder etwas zu.
4. Gruppe E: Wird die gereinigte VI-F MERINOVA (F) mit den Salzen der Elektrolytlösung ohne Mineralsäure imprägniert, so sinkt die Zersetzungsenergie stark ab. Die Zersetzungstemperatur steigt aber um 15 grd an. Das bedeutet, daß durch Aufnahme von Na^+ und Zn^{++} die Zersetzungsenergie abfällt.
5. Gruppe B, C: Die Behandlung mit Na_2SO_4-Lösungen verschiedener Konzentrationen und anschließendes Spülen mit Wasser erhöht den Aschegehalt durch Aufnahme von Na^+. Die Zersetzungsenergie sinkt stark ab, wobei die Zersetzungstemperatur um etwa 18 grd ansteigt.
6. Gruppe D: Die Behandlung mit Zn^{++} und anschließendes Spülen erhöhte ebenfalls den Aschegehalt durch Aufnahme von Zn^{++} seitens der Cellulosefaser. Die Zersetzungsenergie wurde nicht wesentlich verkleinert. Interessant ist aber hier, daß auch die Zersetzungstemperatur etwas erniedrigt wurde. Sie liegt um 20 bis 26 grd tiefer als bei den anderen VI-F MERINOVA-Proben mit höheren Aschegehalten (A, B, C, E, F).

Aus den Ergebnissen ersieht man, daß unterschiedliche Kationen verschiedenen Einfluß auf die Größe der Zersetzungsenergie und Zersetzungstemperatur bei Pyrolyse im Inertgas haben. Durch Behandlung von gereinigten Cellulosefaserstoffen mit Elektrolytlösungen werden von der Cellulose Kationen aufgenommen. Erfolgt die Behandlung in Gegenwart von verd. H_2SO_4, so steigt der Aschegehalt nicht an, d. h., es findet keine Aufnahme von Metallkationen statt. Das einwertige Na^+ senkt die Zersetzungsenergie stark (C), während das zweiwertige Zn^{++} keinen Einfluß darauf (D) hat.

8. Art der Zersetzungspeakform

Zur Anschaulichkeit des thermischen Verhaltens der einzelnen Cellulosefaserstoffe sind in Bild 11 die DTA-Kurven der unbehandelten bzw. unterschiedlich chemisch vorbehandelten (gereinigten) Cellulosefaserstoffe gegenübergestellt. Dabei sind links die DTA-Aufnahmen der Faserstoffe im Handelszustand, aber ohne Präparation und Pigment, rechts nach zusätzlich 30 min Behandlung mit 1,5%iger HCl und anschließendem Spülen mit dest. Wasser angegeben. Ein Vergleich der DTA-Aufnahmen von gereinigten Cellulosefaserstoffen zeigt, daß in der Energieaufnahme bei Pyrolyse im Inertgas zwischen den entsalzten Cellulosefaserstofftypen, Regeneratcellulosefaserstoff — nativer Cellulosefaserstoff, kein wesentlicher Unterschied besteht.

Aus Bild 11 ersieht man, daß sich Cellulosefaserstoffe mit hohem Ordnungsgrad in einem engeren Temperaturbereich zersetzen als Cellulosefaserstoffe mit niedrigem Ordnungsgrad. Dadurch ergeben reine native Cellulosefaserstoffe etwas schmalere und spitzere DTA-Zersetzungspeaks als reine Regeneratcellulosefaserstoffe. Eine Peakverflachung tritt mit zunehmendem Dekristallisationsgrad der Baumwolle auf, was ebenfalls den Einfluß des Ordnungsgrades auf die DTA- Zersetzungspeakform belegt.

Weiterhin erkennt man aus dem Bild 11, daß infolge der Vorbehandlung die Zunahme der Zersetzungspeakfläche mit einer Abnahme der Temperatur des Zersetzungsbeginnes und in geringem Maße auch mit der Temperatur des Zersetzungsmaximums einhergeht.

Es sei noch darauf hingewiesen, daß die natürlichen organischen Begleitsubstanzen der nativen Cellulosefaserstoffe, die in die Cellulose eingelagert oder an die Cellulose gebunden sind, die DTA-Zersetzungspeakfläche nicht beeinflussen.

Die DTA-Zersetzungspeakfläche der Cellulosefaserstoffe wird durch Formalisierung oder Pfropfen mit Divinylbenzol, Styrol oder Acrylnitril praktisch nicht verändert.

9. Einfluß von Carboxylgruppen im Cellulosemolekül

Es wurde der Einfluß von Carboxylgruppen im Cellulosefaserstoff auf das thermische Verhalten geprüft.

Durch zweistufige Oxydation in flüssiger Phase, und zwar

1. mit $K_2Cr_2O_7$,
2. mit chloriger Säure,

wurden Carboxylgruppen in dem Cellulosefaserstoff erzeugt [36].

Versalzte COOH-Gruppen im Cellulosefaserstoff senken ebenfalls die DTA-Zersetzungspeakfläche. Bei Regeneratcellulosefaserstoffen tritt neben dem üblichen Zersetzungspeak bei 330 °C ein weiterer endothermer Peak mit dem Maximum bei 260 °C auf.

In Bild 12 sind die DTA-Kurven von verschieden stark oxydierter und versalzter Baumwolle und in Bild 13 die von verschieden stark oxydierter versalzter VI-F MERINOVA zu sehen.

Die Anzahl COOH-Gruppen pro 100 Glucoseeinheiten des Cellulosemoleküls wurde nach der Methylenblaumethode [37] bestimmt. Durch Behandlung von versalzten carboxylgruppenhaltigen Cellulosefaserstoffen mit 0,1 n HCl wurden die Metallkationen, die an COOH-Gruppen des Cellulosemoleküles gebunden sind, aus dem Cellulosefaserstoff entfernt.

Die DTA-Aufnahmen der entsalzten oxydierten Cellulosefaserstoffproben zeigen, daß nichtversalzte COOH-Gruppen im Cellulosemolekül deutlich die Zersetzungstemperatur erniedrigen. Der Beginn der Zersetzung wird bei Baumwolle um etwa 20 grd (3,6 COOH-Gruppen auf 100 Glucoseeinheiten), bei VI-F MERINOVA um etwa 50 grd (2,6 COOH-Gruppen pro 100 Glucoseeinheiten) erniedrigt.

Bei Regeneratcellulose wird dadurch ein etwas veränderter DTA-Kurvenverlauf erzeugt, wie Bild 14 zeigt.

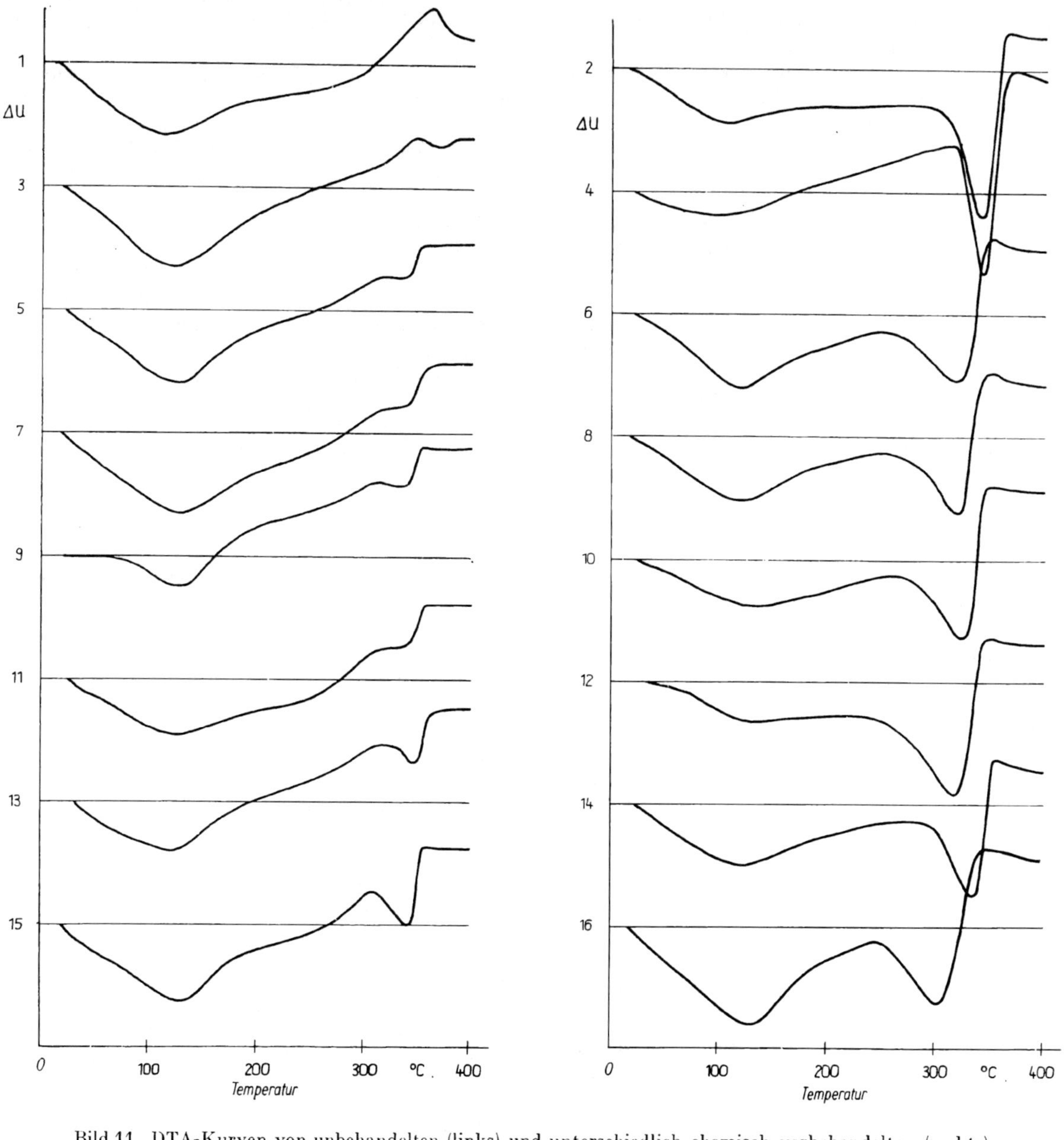

Bild 11. DTA-Kurven von unbehandelten (links) und unterschiedlich chemisch vorbehandelten (rechts) Cellulosefaserstoffen

1 Rohbaumwolle	2 Baumwolle, alkalisch abgekocht
3 Rohramie	4 Ramie, degummiert
5 VI-S VISETA	6 VI-S VISETA
7 VI-S VISETA „Gelzustand"	8 VI-S VISETA „Gelzustand"
9 VI-F MERINOVA	10 VI-F MERINOVA
11 VI-F MERINOVA „Gelzustand"	12 VI-F MERINOVA „Gelzustand"
13 Cuoxamseide	14 Cuoxamseide
15 VI-S Supercord 2	16 VI-S Supercord 2

Proben 6, 8, 10, 12, 14, 16 wurden mit verd. HCl vorbehandelt

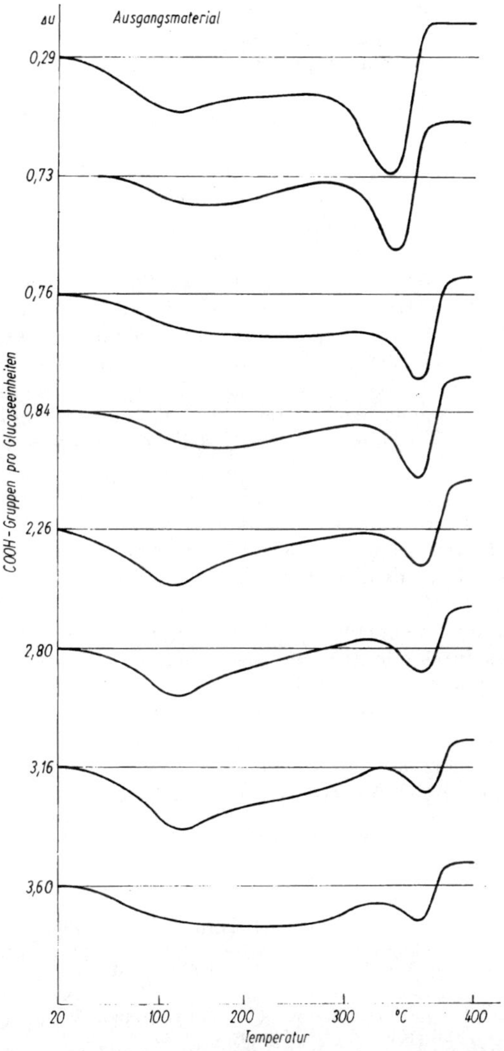

Bild 12. DTA-Aufnahme von unterschiedlich oxydierter Baumwolle

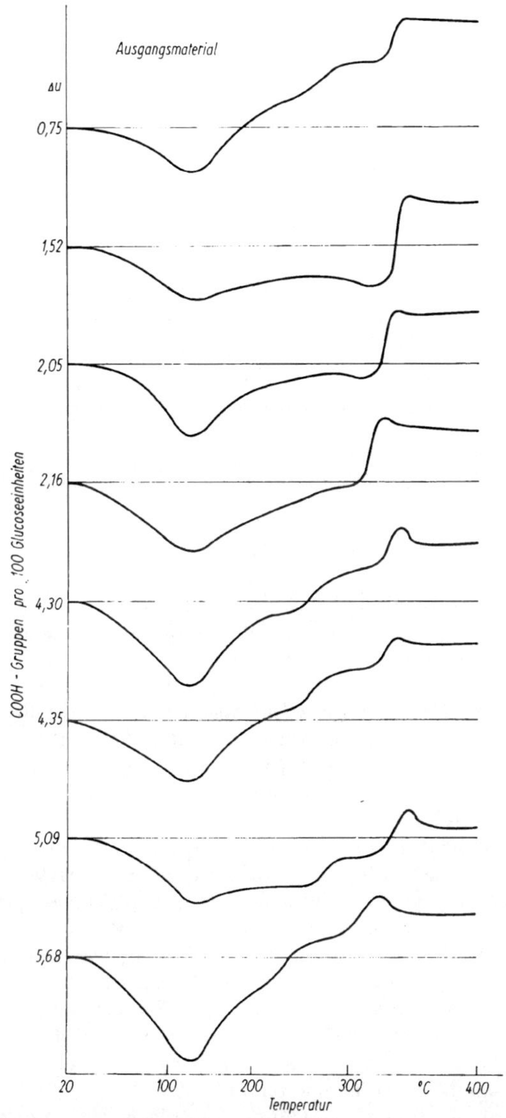

Bild 13. DTA-Aufnahme von unterschiedlich oxydierter VI-F MERINOVA

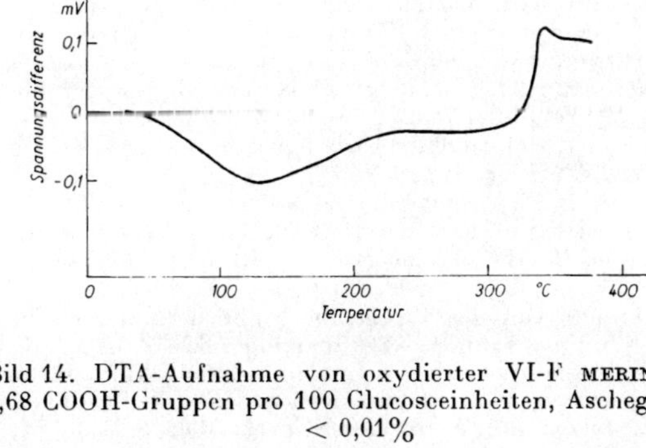

Bild 14. DTA-Aufnahme von oxydierter VI-F MERINOVA, 5,68 COOH-Gruppen pro 100 Glucoseeinheiten, Aschegehalt $< 0,01\%$

10. Einfluß von fest an die Faser gebundenem Wasser auf die Pyrolyseenergie der Cellulose

Einen Einfluß auf die Größe der DTA-Zersetzungspeakfläche der Cellulosefaserstoffe hat auch fest an die Cellulose gebundenes Wasser. Mit zunehmender Trocknungsdauer der Cellulosefaserstoffe wird die DTA-Peakfläche geringfügig verkleinert. Die Zersetzungsenergie wird auf die Hälfte bis ein Drittel reduziert, wenn der Cellulosefaserstoff mit absolutem Alkohol behandelt wird, wobei das an die Cellulose gebundene Wasser teilweise vom Alkohol aufgenommen wird. Der wasserhaltige Alkohol kann dann durch absolutes Pentan oder noch besser durch Destillation in Gegenwart von viel absolutem Toluol von dem Cellulosefaserstoff entfernt werden. Toluolreste wurden dabei in der DTA-Apparatur entfernt, wobei das Schutzrohr der Meßzelle (Bild 3) P_2O_5 enthielt.

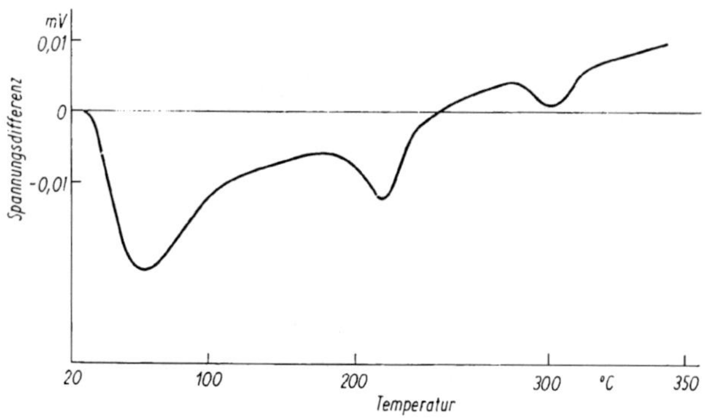

Bild 15. DTA-Aufnahme im Vakuum von VI-F MERINOVA, extrahiert mit Alkohol, Benzol, Tetrachlorkohlenstoff

11. Nachweis inkludierter Lösungsmittel mit Hilfe der DTA

Um die Regeneratcellulosefaserstoffe von Präparation zu befreien, wurden sie mit organischen Lösungsmitteln extrahiert. Die Extraktion der VI-F MERINOVA mit Benzol, Tetrachlorkohlenstoff, Methylenchlorid, Alkohol oder Alkohol von Benzol gefolgt, verändert ihr thermisches Verhalten nicht.

Durch Extraktion von VI-F MERINOVA zuerst mit Alkohol, dann mit Benzol, schließlich mit Tetrachlorkohlenstoff, wobei aber vor jeder weiteren Extraktionsstufe das vorhandene Lösungsmittel nicht entfernt wurde, entstand eine Inklusionscellulose. Die Cellulose wurde durch den Alkohol gequollen, dieser durch Benzol, letzteres durch CCl_4 ausgetauscht. Der Tetrachlorkohlenstoff ist so fest in die Cellulose eingelagert, daß er bei 105 °C (Kp des Tetrachlorkohlenstoffs) nicht entfernt werden kann. Die inkludierte CCl_4-Menge wurde durch Analyse des Cl-Gehaltes nach der *Lieb/Schöniger*-Methode [38] ermittelt und betrug 3,7%. In Bild 15 ist eine DTA-Aufnahme dieser Inklusionscellulose im Vakuum zu sehen. Der Tetrachlorkohlenstoff konnte erst oberhalb von 200 °C entweichen, wie der zusätzliche Peak der DTA-Aufnahme zeigt.

Wird die Inklusionscellulose mit Wasser behandelt, so quillt sie, wobei der inkludierte Tetrachlorkohlenstoff entfernt wird. Diese Probe zeigt dann wieder das normale DTA-Verhalten der Cellulosefaserstoffe.

Zusammenfassung der Aussagen der DTA-Untersuchungen an Cellulosefaserstoffen

Das thermische Verhalten von Cellulosefaserstoffen, die in einem Zustand vorlagen, wie sie für die textile Weiterverarbeitung verwendet werden, aber frei von Avivage waren, wurde geprüft. Mit Hilfe der DTA wurden die Einflüsse bestimmter Parameter, wie Ordnungsgrad, DP-Grad, Gehalt an organischen und anorganischen Substanzen, Carboxylgruppen, inkludierten Substanzen, gebundenes Wasser, auf das Pyrolysegeschehen von Cellulosefaserstoffen im Inertgas hinsichtlich Zersetzungsenergie und Zersetzungstemperatur untersucht. Die Unterschiede in der Energieaufnahme bei Pyrolyse im Inertgas zwischen den einzelnen Cellulosefaserstoffproben wurden ermittelt. Dabei wurde gefunden, daß weder der Ordnungsgrad noch der Durchschnittspolymerisationsgrad einen Einfluß auf die zur Pyrolyse im Inertgas nötige Energie haben.

Eine wesentliche Ursache für die unterschiedlichen DTA-Zersetzungspeakflächen bzw. für den unterschiedlichen Verlauf der DTA-Kurven der einzelnen Cellulosefaserstoffe ist der geringe, aber in engen Grenzen schwankende Gehalt an anorganischen Stoffen bzw. an versalzten sauren Gruppen. Die Größe der DTA-Peakfläche, die proportional der Zersetzungsenergie der Cellulosefaserstoffe im Inertgas ist, hängt sehr stark vom Gehalt geringer Mengen Na^+ im Cellulosefaserstoff ab. Bei Reihenuntersuchungen von Cellulosefaserstoffen gleicher Provenienz können mit der DTA geringe Gehalte an Alkalisalzen im Cellulosefaserstoff nachgewiesen werden.

Nach entsprechender Eichung müßte sich aus der Größe der DTA-Zersetzungspeakfläche auch der Gehalt eines bestimmten Alkalisalzes im Cellulosefaserstoff gleicher Provenienz quantitativ bestimmen lassen. Aus dem Verlauf der DTA-Kurven lassen sich versalzte COOH-Gruppen nachweisen und sehr wahrscheinlich nach entsprechender Eichung der DTA-Zersetzungspeakflächen auch quantitativ bestimmen (Schädigungsgrad). Weiterhin lassen sich mit Hilfe der DTA Substanzen nachweisen, die in der Cellulose inkludiert sind.

Cellulosefaserstoffe, die mit Acrylnitril oder Styrol gepfropft wurden, zeigen neben dem Zersetzungspeak die typischen DTA-Peaks der gepfropften Copolymeren. Auch hier ist eine quantitative Bestimmung des Pfropfgrades durch quantitative Auswertung der Peakflächen der Copolymeren möglich.

Während der DP-Grad der Cellulosefaserstoffe keinen Einfluß auf das DTA-Verhalten hat, werden die DTA-Zersetzungspeaks mit zunehmendem Ordnungsgrad der Cellulosefaserstoffe etwas schmaler und höher.

Literatur

[1] *Schwenker, R. F., Beck jr., L. R.,* und *Zuccarello, R. K.:* Applications of differential thermal analysis and dynamic thermogravimetric analysis in textile research. Amer. Dyestuff Rep. **53** (1964) 19, S. P817—P827.

[2] *Hatakeyama, T.,* und *Kanetsuna, H.:* Thermal analysis of cellulose. Kobunshi Kagaku, Tokyo (Chem. High Polymers) **26** (1969) 285, S. 76—81.

[3] *Conrad, C. M.,* und *Stanonis, D. J.:* A thermal study of benzhydrylated cotton cellulose. J. appl. Polymer Sci./Appl. Polymer Symposia (1966) 2, S. 121—131.

[4] *Gillham, J. K.,* und *Schwenker jr., R. F.:* Thermomecanical and thermal analysis of fiber-forming polymers. J. appl. Polymer Sci./Appl. Polymer Symposia (1966) 2, S. 59—75.

[5] *Tarim, S. T.,* und *Cates, D. M.:* Thermal analysis of fibers and fiber blends. I. Differential thermal analysis. J. appl. Polymer Sci./Appl. Polymer Symposia (1966) 2, S. 1—13.

[6] *Mack, C. H.,* und *Hobart, S. R.:* Reaction of aryl isocyanates with cotton cellulose. Part. III. Thermal behaviour of product. J. appl. Polymer Sci./Appl. Polymer Symposia (1966) 2, S. 133—147.

[7] *Miller, B.:* Thermoanalytical studies on the durable-press curing of cellulose. Part. I. The thermal behavior of trimethylolmelamine-carbohydrate mixtures. Textile Res. J. **38** (1968) 1, S. 1—6.

[8] *Miller, B.:* Thermoanalytical studies on the durable-press curing of cellulose. Part II. The effect of nitrate salts on the thermal behavior of cotton. Textile Res. J. **38** (1968) 4, S. 395—400.

[9] Abstracts von der 16. Chemical Finish Conference in Washington vom 26.—28. September 1967. *Miller, B.:* Thermisches Verhalten von Baumwoll-Reaktant-Katalysator-Systemen unter Kondensationsbedingungen. Textilveredlung, Weinfelden/Schweiz (1968) S. 139.

[10] *Mack, Ch. H.*, und *Donaldson, D. J.*: Effects of base on the pyrolysis of cotton cellulose. Textile Res. J. **37** (1967) 12, S. 1063—1071.

[11] *Baudisch, J.*, und *Lukanoff, T.*: Derivatographische Untersuchungen an cyanoäthylierten und mit Formaldehyd vernetzten Cellulosepräparaten. Cellulose Chem. Technology, Jassy/Rum. **3** (1969) S. 75—82.

[12] *Jacobasch, H.-J.*: Feinstrukturuntersuchungen an Polyamid-6- und Polyäthylenterephthalatfaserstoffen unter besonderer Berücksichtigung der Differentialthermoanalyse. Dissertation TU Dresden 1966.

[13] *v. Hornuff, G.*, und *Jacobasch, H.-J.*: Anwendung der Differentialthermoanalyse in der Textilchemie. I. Faserforsch. u. Textiltechnik **18** (1967) 5, S. 227—236.

[14] *Schwiete, H. E.*, und *Ziegler, G.*: Grundlagen und Anwendungsbereiche der dynamischen Differenzkalorimetrie. Ber. dt. keram. Ges. **35** (1958) S. 193—204.

[15] *Müller, G.*: Beiträge zur thermischen Analyse von Zellulosefaserstoffen. Dissertation TU Dresden 1970.

[16] TGL 20072, Entwurf 1968.

[17] *Marchessault, R. H.*, und *Howson, J. A.*: Experimental evaluation of the lateral-order distribution in cellulose. Textile Res. J. **27** (1957) 1, S. 30—41. (siehe auch [15]).

[18] *Agster, A.*: Färberei und textilchemische Untersuchungen. 10. Auflage. Berlin/Heidelberg/New York: Springer 1967.

[19] *Patil, N. B.*, *Dweltz, N. E.*, und *Radhakrishnan*: Studies on decrystallization of cotton. Textile Res. J. **35** (1965) 6, S. 517—523.

[20] *Schwertassek, K.*: Beschreibung der Methode zur Bestimmung der Jodsorption, der reduzierten Jodsoprtion und der Normalmercerisation. Faserforsch. u. Textiltechnik **3** (1952) S. 87—95.

[21] *Madorsky, S. L.*, *Hart, V. E.*, und *Straus, S.*: Pyrolysis of cellulose in a vacuum. J. Res. Nat. Bur. Standards **56** (1956) S. 343—354.

[22] *Holmes, F. H.*, und *Shaw. C. J. G.*: The pyrolysis of cellulose and the action of flame-retardants. I. Significance and analysis of tar. J. appl. Chem. **11** (1961) S. 210—216.

[23] *Berkowitz-Mattuck, J. B.*, und *Noguchi, T.*: Pyrolysis of of untreated and APO-THPC treated cotton cellulose during one-second exposure to radiant flux levels of 5 to 25 cal/cm². sec. J. appl. Polymer Sci. **7** (1963) 2, S. 709 bis 716.

[24] *Pascu, E.*, und *Schwenker, R. F.*: Pyrolitic degration of cellulose and chemical modification of cellulose for flame and glow resistance. Contract DA-18-129-QM-122, U. S. Army Quartermaster Corps (1954—1957).

[25] *Broido, A.*, und *Martin, S. B.*: Einfluß von Kaliumbikarbonat auf die Entzündung von Zellulose durch Wärmestrahlung. Fire Res. Abstr. Rev. **3** (1961) S. 193—201.

[26] *Eickner, W.*: Grundlagenuntersuchungen über die Pyrolyse und Verbrennung von Holz. Forest Prod. J. **12** (1962) S. 194—199.

[27] *Schuyten, H. A.*, *Weaver, J. W.*, und *Reid, J. D.*: Theoretical aspects of the flame proofing of cellulose. Advances chem. Ser. **9** (1954) S. 7—20.

[28] *Schwenker, R. F.*, *Beck, L. R.*, und *Pascu, E.*: Amer. chem. Soc. Abstr. Papers **17** E (1960).

[29] *Tang, W. K.*, und *Neill, W. K.*: Effects of flame retardants on pyrolysis and combustion of α-cellulose. J. Polymer Sci., Part C (1964) 6, S. 65—81.

[30] *Venn, H. J. P.*: The yield of β-glucosane obtained from low-pressure distillation of cellulose. J. Textile Inst. **15** (1924) S. T414—T418.

[31] *Golova, O P.*, *Epstejn, Ja. V.*, und *Durynina, L. J.*: Einfluß von anorganischen Komponenten auf den Bruch der C—C-Bindungen beim thermischen Zerfall von Cellulose. Vysokomol. Soed. (Hochmol. Verbind.) **3** (1961) S. 536—540.

[32] *Madorsky, S. L.*, *Hart, V. E.*, und *Straus, S.*: Thermischer Abbau von Cellulosematerialien. J. Res. Nat. Bur. Standards **60** (1958) S. 343—349.

[33] *Akita, K.*, und *Kase, M.*: Determination of kinetic parameters for pyrolysis of cellulose and cellulose treated with ammonium phosphate by differential thermal analysis and thermal gravimetric analysis. J. Polymer Sci., A-1: Polymer Chem. **5** (1967) S. 833—848.

[34] *Kilzer, F. J.*, und *Broido, A.*: Spekulation über die Natur der Cellulosepyrolyse. Pyridynamics **2** (1965) S. 151—163.

[35] *Ogiwara, Y.*, und *Kubota, H.*: Combination of cellulosic materials and metallic ions. J. Polymer Sci., Part A-1 **7** (1969) S. 2087—2095.

[36] *Philipp, B.*, *Rehder, W.*, und *Lang, H.*: Zum Einfluß von Carbonyl- und Carboxylgruppen auf die Viskosierung von Chemiezellstoffen. Faserforsch. u. Textiltechnik **17** (1966) S. 172—175.

[37] *Philipp, B.*, *Rehder, W.*, und *Lang, H.*: Zur Carboxylbestimmung in Chemiezellstoffen. Papier **19** (1965) S. 1—9.

[38] *Grimm, H.*: Quantitative Bestimmung organischer Chlorverbindungen, insbesondere von Germiciden, in Textilien. Faserforsch. u. Textiltechnik **13** (1962) S. 524.

Eingegangen am 31. Juli 1972

Die Bestimmung von unlöslichen bzw. unschmelzbaren Partikeln in Polyäthylenterephthalat nach dem Coulter-Prinzip

Dietrich Becker, Heinz Zimmermann und Christine Kolbig

Akademie der Wissenschaften der DDR, Institut für Polymerenchemie in Teltow-Seehof

DK 678.674'524'420:66.062.412.42-43:66.062.551.:541.182.083.722:543.257.5

Es wird eine Methode beschrieben, die es gestattet, in Polyäthylenterephthalat vorhandene unschmelzbare bzw. unlösliche, die Verarbeitung potentiell störende Partikel zu bestimmen. Dazu wird der Polyester in einem Gemisch aus Phenol und Tetrachloräthan gelöst und der konduktometrischen Partikelzählung nach dem *Coulter*-Prinzip unterworfen.

Определение содержания нерастворимых или нерасплавимых частиц в полиэтилентерефталате по принципу Культера

Описывается метод определения содержания нерастворимых или нерасплавимых частиц в полиэтилентерефталате, которые могут являться помехой при его переработке. Для проведения определения полимер растворяется в смеси фенола и тетрахлорэтана, а затем в растворе подсчитываются частицы кондуктометрическим методом по принципу Культера.

The Determination of Insoluble and Non-melting Particles in Polyethylene Terephthalate Using the Coulter Principle

A methode is described which allows the determination of insoluble or non-melting particles in polyethylene terephthalate, which are liable to disturb the processing of the polymer. The polymer is dissolved in a mixture of phenol and ethane tetrachloride and subjected to conductometric particle counting according to the Coulter principle.

1. *Problemstellung*

Bei der Verarbeitung von Polyäthylenterephthalatschmelzen zu Fasern oder Folien sowie deren Nutzung können Störungen, z. B. Fadenbrüche bzw. Ungleichmäßigkeiten der Folien auftreten, deren Ursache unschmelzbare Partikel in der Polyesterschmelze sind. Solche Inhomogenitäten können z. B. aus Katalysatorbestandteilen, deren Folgeprodukten oder aus unschmelzbaren Abbauprodukten des Polyesters bestehen. Zur Beurteilung der Verarbeitbarkeit von Polyesterchargen bzw. zur Aufklärung der Ursache von Verarbeitungsstörungen ist es nützlich, eine Methode an der Hand zu haben, die es ermöglicht, Inhomogenitäten des Polyesters zu erfassen.

Es sind bereits Verfahren bekannt, in Spinnlösungen von Cellulose [1] oder Polyacrylnitril [2] Partikel, die zu Spinnstörungen führen können, durch konduktometrische Partikelzählung nach dem *Coulter*-Prinzip zu bestimmen. Auch für das aus der Schmelze zu verformende Polycaprolactam [3] wurde ein auf dem gleichen Prinzip beruhendes Verfahren entwickelt, nach dem die Prüfung auf im Polymeren enthaltene Partikel in einer Lösung des Polymeren in Schwefelsäure/Ameisensäure vorgenommen wird.

Wie bei Polyamid ist bei Polyäthylenterephthalat (PÄT) eine Partikelzählung nach der konduktometrischen Methode in der Schmelze nicht möglich, sondern sie muß ebenfalls in einem geeigneten Lösungsmittel erfolgen.

2. *Die konduktometrische Partikelzählung in Polyäthylenterephthalat-Lösungen*

Bei dem Versuch, in PÄT vorhandene unschmelzbare Partikel durch Messung in PÄT-Lösungen zu bestimmen, wird als Voraussetzung unterstellt und muß experimentell nachgewiesen werden, daß eine Korrelation zwischen den in der Schmelze vorhandenen, störend in Erscheinung tretenden Inhomogenitäten und den in Lösung erfaßbaren Partikeln besteht.

Auf die Grundlagen der konduktometrischen Partikelzählung soll an dieser Stelle nicht ausführlicher eingegangen werden, sondern es sei auf die zusammenfassende Darstellung von *Heidenreich* [4] verwiesen. Eine Voraussetzung für die Anwendung dieser Methode ist das Vorliegen einer Lösung, die eine ausreichende elektrische Leitfähigkeit besitzt. Bei Verwendung des Teilchenzählers ZG 1 des VEB Transformatoren- und Röntgenwerkes Dresden wird z. B. eine Leitfähigkeit von $2 \cdot 10^{-3}\ \Omega^{-1}\ \mathrm{cm}^{-1}$ vorausgesetzt. Bei den zuvor genannten Polymeren bereitet es keine Schwierigkeiten, dieser Forderung zu genügen. So haben Viskoselösungen eine Leitfähigkeit von $250 \cdot 10^{-3}\ \Omega^{-1}\ \mathrm{cm}^{-1}$ und Polyacrylnitril in Dimethylformamid $6 \cdot 10^{-3}\ \Omega^{-1}\ \mathrm{cm}^{-1}$. Auch Polyamidlösungen in Schwefelsäure/Ameisensäure besitzen mit $47 \cdot 10^{-3}\ \Omega^{-1}\ \mathrm{cm}^{-1}$ eine genügend hohe Leitfähigkeit.

Bei PÄT ist die Auswahl eines geeigneten Lösungsmittels wesentlich problematischer. Es gibt bekanntlich nur wenige Lösungsmittel, in denen PÄT in der Kälte löslich ist. Zum anderen besitzen diese Lösungsmittel, z. B. Phenol/Tetrachloräthan-Gemische und Kresol/Chloroform-Gemische, wie sie für Viskositätsmessungen oder Endgruppenbestimmungen angewendet werden, nur eine geringe Leitfähigkeit ($< 0{,}002 \cdot 10^{-3}\ \Omega^{-1}\ \mathrm{cm}^{-1}$).

Sie sind außerdem empfindlich gegen den Zusatz bereits geringer Mengen anderer Substanzen (Salze, Wasser, organische Lösungsmittel), da durch einen solchen Zusatz mehr oder weniger große Mengen des Polyesters ausgefällt werden. Geringste Mengen nicht gelösten oder wieder ausgefällten Polyesters würden die Meßergebnisse der Partikelzählung jedoch vollkommen verfälschen und unbrauchbar machen.

2.1. *Beschreibung des Meßverfahrens*

Auf Grund verschiedener Versuchsserien erschien es trotz der zuvor dargestellten Probleme dennoch sinnvoll, den Polyester in einem phenolischen Lösungsmittel zu lösen und die erforderliche Leitfähigkeit durch einen Elektrolytzusatz zu erreichen. Aus den bereits dargelegten Gründen kommen aber nur wenige Substanzen als Elektrolytzusätze in Betracht. Zahlreiche systematische Versuche ergaben, daß das System Phenol/Tetrachloräthan 3:2 + 10% (bezogen auf das Lösungsmittelgemisch) einer 15%igen äthanolischen Lithiumchloridlösung zur Herstellung einer leitfähigen Polyesterlösung geeignet ist. Dieses System besitzt eine spezifische Leitfähigkeit von $0{,}2 \cdot 10^{-3}\ \Omega^{-1}\ \mathrm{cm}^{-1}$.

Zur Messung wurde das Teilchenzählgerät TuR ZG 1 verwendet und eine 2%ige Polyesterlösung eingesetzt. Mit dem Gerät wird jeweils 1 ml Lösung, die 0,018 g PÄT enthält, erfaßt. Die zur besseren Lösung zerkleinerten Polyesterproben wurden dazu in dem beschriebenen Gemisch aus Phenol und Tetrachloräthan gelöst und der Elektrolyt zugesetzt. Vor der Messung wurde diese Lösung durch eine G 1-Fritte filtriert.

Obwohl die Polyesterschmelze vor der Verformung Sandfilter oder Filternetze mit einer Porenweite von ca. 50 µm passiert, d. h. Inhomogenitäten mit einem Durchmesser über 50 µm gelangen nicht in die verformten Produkte, ist es unserer Ansicht nach aber dennoch gerechtfertigt, die zur Messung gelangenden Polyesterlösungen durch eine G 1-Fritte (Porenweite 90 bis 150 µm) zu filtrieren. Die Inhomogenitäten können nicht nur als unlösliche, unquellbare Partikel, die durch den Löseprozeß in ihrer Form nicht verändert werden, vorliegen. Es ist auch möglich, daß unlösliche, aber beim Löseprozeß quellbare Polyesteranteile vorhanden sind, die dann als größere Partikel bei der Messung in Erscheinung treten können. Ausgehend von dem Durchmesser der verformten Polyesterprodukte, kann man annehmen, daß Partikel mit einem Durchmesser oberhalb etwa 10 bis 20 µm bei der Verarbeitung zu Störungen führen können.

Als Durchmesser der Meßkapillare wurde 200 µm gewählt. Die Erfassung der Partikel erfolgte jeweils bei den unteren Diskriminator-Einstellungen 2 (D_2), 5 (D_5) und 10 (D_{10}). Bei der Diskriminator-Einstellung 2 werden bei der angewandten Kapillare mit 200 µm Durchmesser Partikel bis herab zu 4 µm erfaßt, mit steigenden Diskriminator-Werten werden zunehmend nur noch größere Partikel registriert. Durch diese Verfahrensweise erhält man einen Überblick über das vorhandene Größenspektrum der Partikel. Die obere Erfassungsgrenze ist naturgemäß durch den Kapillardurchmesser vorgegeben. Die Korngröße sollte aber ca. 30% des Kapillardurchmessers, d. h. in unserem Falle ca. 65 bis 70 µm, nicht übersteigen. Diesen hier angeführten Grenzbedingungen wird man mit einer Filtration durch eine G1-Fritte gerecht.

Vor der Messung der Partikelzahl einer Polyesterprobe ist es notwendig, den Blindwert des Lösungsgemisches zu bestimmen und diesen von der ermittelten Partikelzahl der Lösung abzuziehen. Bei den genannten Diskriminator-Einstellungen werden jeweils 10 Werte aufgenommen, aus denen dann der Mittelwert gebildet und registriert wird. Die Reproduzierbarkeit der Meßmethode bei den verschiedenen Diskriminator-Einstellungen wird durch die folgenden Zahlenwerte für die Standardabweichung (s), den Variationskoeffizienten in Prozent (V) und den Vertrauensbereich bei 95%iger statistischer Sicherheit (Δx_{95}) charakterisiert:

D_2: $\bar{x} = 289$ Partikel/1 ml PÄT-Lösung;

$S = \pm 26$; $V = 9{,}0\%$; $\Delta x_{95} = \pm 19$;

D_5: $\bar{x} = 208$ Partikel/1 ml PÄT-Lösung;

$S = \pm 22$; $V = 10{,}6\%$; $\Delta x_{95} = \pm 16$;

D_{10}: $\bar{x} = 144$ Partikel/1 ml PÄT-Lösung;

$S = \pm 16$; $V = 11{,}1\%$ $\Delta x_{95} = \pm 12$.

2.2. *Messung der Partikelzahl in Polyestern unterschiedlicher Provenienz*

Zur konduktometrischen Partikelzählung wurden kommerzielle Polyestergranulate (*A, B, C, D, E, F*) eingesetzt, in denen unterschiedliche Umesterungs- und Polykondensationskatalysatoren analytisch bestimmt wurden [5].

Diese Polyester waren nach dem Masselgießverfahren (*A, B, C*), Bandgießverfahren (*D*) und Unterwassergießverfahren (*E*) in die Granulatform überführt worden.

Bei dem Polyester *F* handelt es sich um ein Polyesterpulver mit einer Korngröße von etwa 0,5 mm. Dieser Polyester wurde unverändert zur Messung eingesetzt. Alle anderen Polyesterproben wurden, vor dem Lösen gemahlen. Dazu wurden sie unter flüssigem Stickstoff gekühlt und in einer kühlbaren, hochtourigen Schlagwerk-Labormühle zerkleinert. Dabei bemühten wir uns, von den sehr ungleichmäßig geformten Masselgranulaten einen repräsentativen Querschnitt der verschiedenen Korngrößen zu entnehmen und für den Mahlprozeß einzusetzen.

Die Meßergebnisse sind in Bild 1 dargestellt.

Es ist ersichtlich, daß die gemessenen Partikelzahlen bei den Masselgranulaten (*A, B, C*) generell höher liegen, als bei den gleichmäßig geformten Granulaten (*D, E*). Außerdem waren die Streuungen der Meßwerte bei den Masselgranulaten wesentlich größer, als bei den übrigen Proben. Eine Erklärung für diese starke Streuung fand sich, als aus den Masselgranulaten, ohne diese zur Probenvorbereitung zu mahlen, Korngrößenfraktionen von 1 bis 0,5 mm, 0,5 bis 0,25 mm und $< 0{,}25$ mm abgetrennt und diese als solche zur Messung eingesetzt wurden. Die in Bild 1 aufgetragenen Meßwerte zeigen deutlich, daß die Partikelzahlen in den feinkörnigen Anteilen der Masselgranulate erheblich höher sind, als in den größeren Anteilen. Da bei der Probenahme des ungesiebten Masselgranulats unterschiedlich große Mengen staubförmiger Anteile erfaßt werden können und zum anderen auch eine Entmischung der Granulatfraktionen im Vorratsgefäß eintritt, werden damit auch bei den verschiedenen Messungen an den Durchschnittsproben unterschiedlich große Mengen dieser feinkörnigen, partikelreichen Anteile zur Messung kommen. Dadurch werden zwangläufig starke Streuungen der Meßwerte hervorgerufen.

Der unterschiedlich hohe Partikelgehalt der drei Masselgranulate, der schon bei der Messung der Durchschnittsproben erkennbar ist, wird bei der Messung der Fraktionen noch deutlicher. Es ist nicht anzunehmen, daß der unterschiedlich hohe Partikelgehalt in den verschiedenen Polyesterproben in einem Zusammenhang mit den verwendeten Katalysatoren steht, da z. B. die Proben *A, B* und *C* mit den gleichen Katalysatoren hergestellt worden sind.

Es ist bekannt, daß die Thermooxydation des PÄT in festem Zustand mit zunehmender Oberfläche, d. h. abnehmender Korngröße, stark zunimmt [6]. Es bestand daher die Möglichkeit, daß die hohen Partikelzahlen in den staubförmigen Polyesteranteilen durch Gelteilchen hervorgerufen worden waren, die als Folge einer thermooxydativen Schädigung des Polyesters entstanden waren. Zur Überprüfung wurde der Polyester *A* sowohl in geschmolzener Form 4 h bei 280 °C als auch eine Korngrößenfraktion von 1 bis 0,25 mm in fester Phase 48 h auf 180 °C unter Luft erhitzt und anschließend der konduktometrischen Partikelzählung unterworfen. Obwohl der Polyester erheblich thermooxydativ geschädigt war, wie die Carboxylgruppenzahlen und die stark abgesunkenen Werte für die rel. Lösungsviskosität zeigen:

ungeschädigt: 22 µ Äqu.COOH/g PÄT; $\eta_{rel} = 1{,}370$;
4 h/280 °C: 127 µ Äqu.COOH/g PÄT; $\eta_{rel} = 1{,}228$;
48 h/180 °C: 99 µ Äqu.COOH/g PÄT; $\eta_{rel} = 1{,}270$,

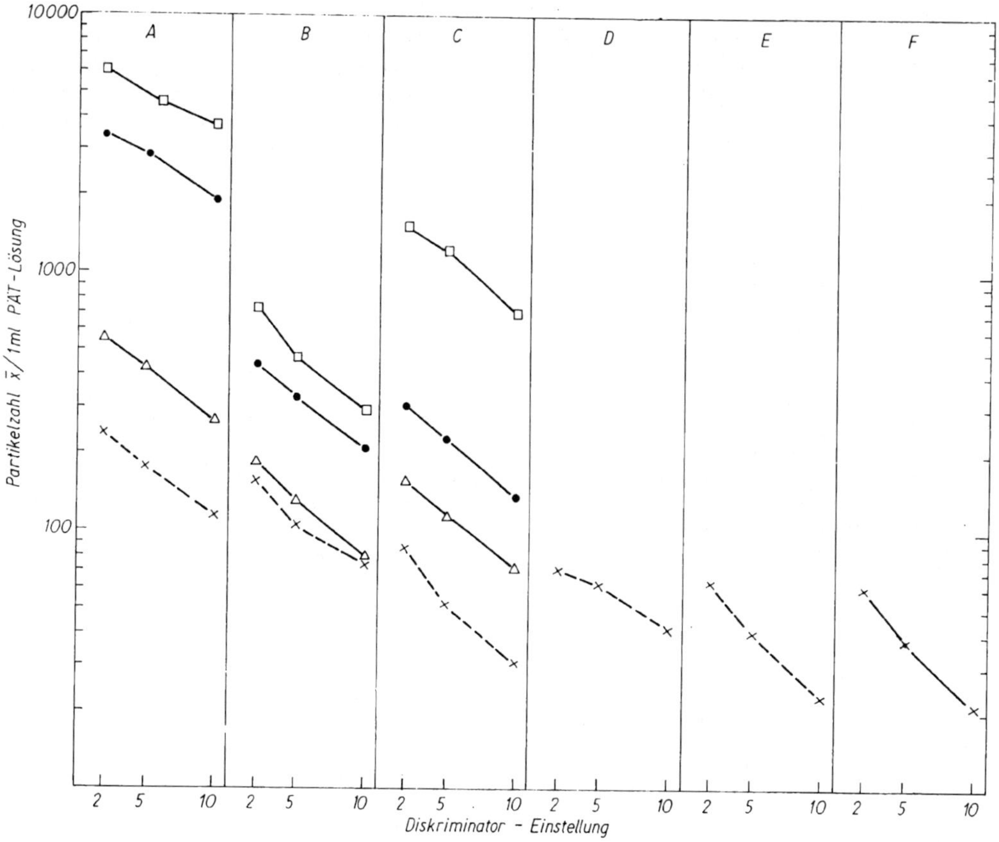

Bild 1. Konduktometrisch gemessene Partikelzahl in Lösungen von PÄT-Proben unterschiedlicher Provenienz
Probenvorbereitung: ——— ungemahlen – – – gemahlen
△ 1 —0,5 mm Korngröße, ausgesiebt □ < 0,25 mm Korngröße, ausgesiebt
• 0,5—0,25 mm Korngröße, ausgesiebt × Ausgangsgranulat

wurden nur unwesentlich höhere Partikelzahlen gemessen:

ungeschädigt: 237 Partikel/1 ml bei D_2;

4h/280 °C: 260 Partikel/1 ml bei D_2;

48 h/180 °C: 255 Partikel/1 ml bei D_2.

Die Bildung von Gelteilchen durch thermooxydative Schädigung von PÄT ist von *Yoda* u. Mitarb. [7] beschrieben worden. Allerdings wurden wesentlich drastischere Versuchsbedingungen angewandt. Die Autoren konnten nach 4 h Erhitzen auf 300 °C im Luftstrom 35% Gelanteile ermitteln; unter gleichen Bedingungen hingegen konnten sie unter stehender Luft keine Gelanteile nachweisen, obwohl das PÄT auch unter diesen Bedingungen thermooxydativ geschädigt war.

Die Tatsache, daß wir bei unseren Messungen an thermooxydativ geschädigtem PÄT keine mit einer Gelbildung im Zusammenhang stehende Zunahme der Partikelzahlen gefunden haben, kann als Übereinstimmung mit den Versuchsergebnissen unter stehender Luft von *Yoda* angesehen werden, zumal die von uns angewandten Versuchsbedingungen denen unter stehender Luft gleichen. Eine Erklärung könnte aber auch sein, daß mit der beschriebenen Methode der konduktometrischen Partikelzählung auf Grund ungünstiger Leitfähigkeitsverhältnisse in den Polyesterlösungen keine Gelanteile erfaßt werden. Diese letztere Möglichkeit kann jedoch mit ziemlicher Sicherheit ausgeschlossen werden, da bei der Partikelzählung in Lösungen von thermooxydativ geschädigtem Polyäthylenterephthalat-co-sebacat (70/30) hohe Partikelzahlen gefunden wurden. Das Polyäthylenterephthalat-co-sebacat (70/30) wurde unterschiedliche Zeiten in festem Zustand unter Luft auf 180 °C erhitzt. Die unter diesen Bedingungen im Vergleich zum PÄT stärkere thermooxydative Schädigung war bereits äußerlich an einer zunehmenden gelbbraunen Verfärbung erkennbar. Parallel zu der Verfärbung wurden mit steigender Versuchsdauer in den Polyesterlösungen steigende Partikelzahlen gemessen (vgl. Tabelle 1). Die thermooxydative Schädigung des Copolyesters kommt auch in den Carboxylgruppenzahlen zum Ausdruck, die ebenfalls in der Tabelle 1 mit aufgeführt sind. Das Absinken der gemessenen Carboxylgruppenzahlen bei längerer thermooxydativer Behandlung kann durch Decarboxylierungsreaktionen im Verlaufe des komplexen Reaktionsgeschehens erklärt werden.

Nach 24 h thermooxydativer Schädigung war der Copolyester nicht mehr vollständig löslich, da die Gelbildung zu weit fortgeschritten war. In den von den Gelen abfiltrierten Lösungen wurden trotzdem noch die in der Tabelle angegebenen Partikelzahlen gemessen.

Tabelle 1. Thermooxydativer Abbau von Polyäthylenterephthalat-co-sebacat (70/30) bei 180 °C. Partikelzahlen, gemessen in 2%iger Polyesterlösung, und Carboxylgruppengehalt

thermo-oxydative Behandlung h	Partikelzahl/1 ml bei D_2	D_5	D_{10}	COOH µ Äqu./g PÄTS
0	113	91	68	51
4	309	242	152	412
8	6320	5811	4263	337
24	631	472	343	259

2.3. *Zusammenfassende Diskussion*

Die dargelegten Versuchsergebnisse zeigen, daß mit Hilfe der konduktometrischen Partikelzählung in dem angegebenen Lösungsmittelsystem Inhomogenitäten im PÄT, die zu Verarbeitungsstörungen Anlaß geben können, erfaßt werden. Die Versuchsergebnisse mit dem Polyäthylenterephthalat-co-sebacat (70/30) beweisen, daß auch die Folgeprodukte thermooxydativer Schädigungen nachgewiesen werden können. Da bei PÄT eine experimentelle thermooxydative Schädigung unter den angegebenen Versuchsbedingungen jedoch nicht zu einer Erhöhung der Partikelzahl führte, kann man annehmen, daß es sich bei den Inhomogenitäten insbesondere in den PÄT-Proben *A*, *B* und *C*, die nach dem Masselgießverfahren hergestellt worden waren, vor allem um artfremde Verunreinigungen (Katalysatorfolgeprodukte, mechanische Verunreinigungen) handelt, die im Laufe des Herstellungs- bzw. Gieß- oder Mahlprozesses in das Granulat gelangt sind.

2.4. *Arbeitsvorschrift*

2 g zerkleinertes PÄT werden in einem 200-ml-Erlenmeyer-Kolben mit 100 ml eines Gemisches aus Phenol/Tetrachloräthan 3:2 versetzt, das aus frisch destilliertem, getrocknetem Tetrachloräthan bzw. Phenol hergestellt und zweimal durch eine G4-Fritte filtriert wurde. Alle für die Messung verwendeten Glasgeräte müssen vor dem Gebrauch mit filtriertem Alkohol gespült, getrocknet und staubfrei aufbewahrt werden.

Der Polyester wird unter Rückfluß 4 h bei 120 °C gelöst. Nach dem Lösen kühlt man die Proben unter Wasser auf ca. 35 bis 40 °C ab. In die noch warme Polyesterlösung werden vorsichtig unter Umschwenken 10 ml einer zweimal durch eine G5-Fritte filtrierten 15%igen äthanolischen LiCl-Lösung getropft. Bei dieser Verfahrensweise wird ein Ausfallen des Polyesters vermieden. Nach dem Abkühlen der Lösung auf Zimmertemperatur filtriert man durch eine G1-Fritte, um bei der anschließenden Messung Verstopfungen der Kapillare zu vermeiden. Die Polyesterlösung wird in einem Thermostaten auf 20 °C temperiert. Anschließend wird die Partikelzählung mit dem Gelteilchenzähler TuR ZG 1 unter Verwendung einer 200 µm-Kapillare durchgeführt. Die Spannung zwischen den Elektroden wird auf den Wert 5 eingestellt. Bei den Diskriminator-Einstellungen 2, 5 und 10 werden jeweils 10 Werte registriert, aus denen dann der Mittelwert gebildet wird.

Literatur

[1] *Philipp, B.*, und *Schleicher, H.*: Zur Prüffiltration und Teilchenzählung an Viskosespinnlösungen. Faserforsch. u. Textiltechnik **15** (1964) S. 451–457.

[2] *Philipp, B.*, *Lehmann, R.*, und *Zibell, W.*: Zur Verarbeitbarkeitsprüfung von Acrylnitrilpolymerisaten durch konduktometrische Partikelzählung. Faserforsch. u. Textiltechnik **16** (1965) S. 577–582.

[3] *Jaeger, W. Jakob, W.*, und *Reinisch, G.*: Gelteilchenbestimmung in Polycaprolactamlösungen. Faserforsch. u. Textiltechnik **21** (1970) S. 529–536.

[4] *Heidenreich, E.*: Zur Messung der Anzahl und Größe kleiner Feststoffteilchen im Subsiebbereich. Wiss. Z. Techn. Univ. Dresden **14** (1965) S. 1255–1264.
Heidenreich, E.: Ein Beitrag zur Analyse von Mikrokörnungen. Firmenschrift des VEB Transformatoren- und Röntgenwerk Dresden 1967.

[5] *Zimmermann, H.*, *Hoyme, H.*, und *Tryonadt, A.*: Methoden zur quantitativen Bestimmung von Metallen und von Phosphor in Polyäthylenterephthalat. Faserforsch. u. Textiltechnik **21** (1970) S. 33–36.
Hoyme, H., *Seganowa, A.*, und *Zimmermann, H.*: Beitrag zur photometrischen Bestimmung von Germanium, Titan oder Calcium in Polyäthylenterephthalat. Faserforsch. u. Textiltechnik **22** (1971) S. 419–421.

[6] *Zimmermann, H.*, und *Schaaf, E.*: Derivatographic investigation of the oxidative thermal decomposition of polyethylene terephthalate. Proceedings of the III. Analytical Chemical Conference. Budapest: Akademiai Kiado 1970, S. 329–334.

[7] *Yoda, K.*, *Tsuboi, A.*, *Wada, M.*, und *Yamadera, R.*: Network formation in poly(ethylene terephthalate) by thermooxidative degradation. J. appl. Polymer Sci. **14** (1970) S. 2357–2376.

Eingegangen am 24. Juli 1972

Spinnen von Viskosen, die bei verschiedenen Temperaturen nachgereift sind und unterschiedliche Mengen an Nebenprodukten enthalten

Andrzej Kaszyński, Kunstfaserwerke „Anilana", Forschungslabor Łódź — VR Polen.
Danuta Markowska, Institut für Kunst- und Synthesefasern, Łódź — VR Polen

DK 677.463:677.021.125.26-913.3:677.021.123.2:677.021.123.67:677.021.122.225:546.221

Es wurden Spinnversuche mit Viskosen durchgeführt, die bei verschiedenen Temperaturen nachgereift sind. Bei diesen Versuchen wurden die Spinnreife, die Modifikatoren sowie Spinnbadzusammensetzung und -strecke geändert. Bei einigen Versuchsreihen wurde der Viskose Natriumsulfidlösung zugesetzt. Die Hypothese von negativem Einfluß des Sulfidgehalts der Spinnviskose auf die Anfangsgeschwindigkeit der Regeneration wurde bestätigt. Bei weiterer Entfernung von der Düse regenerieren die Fäden aus höhersulfidhaltigen Viskosen jedoch schneller als die vergleichbaren aus Viskosen geringeren Sulfidgehalts.

Формование болокна из вискоз, подвергавшихся созреванию при различных температурах и содержащих различное количество побочных продуктов

Исследовалось формование волокна из вискоз, подвергавшихся созреванию при различных температурах, причем кроме зрелости варьировались вид модификатора, состав прядильной ванны и длина пути в ванне. В некоторых сериях опытов к вискозе добавлялся раствор сульфида натрия. Полученные при этом результаты подтверждают правильность предположения об отрицательном влиянии содержания сульфида в вискозе на начальную скорость процесса восстановления. С ростом расстояния от фильеры волокна из вискоз с повышенным содержанием сульфида восстанавливаются, однако, быстрее, чем в случае более низкого содержания сульфида.

Spinning of Viscoses Subjected to Ripening at Different Temperatures an Containing Different Amounts of By-products

Spinning tests were performed with viscoses subjected to ripening at different temperatures. In these tests, the kind of modifiers and the path length in the coagulation bath were varied besides the degree of ripening. In a series of experiments sodium sulfide was added to the viscose and the supposed undesired effect of the sulfide on the initial rate of regeneration was supported. At comperatively far distance from the spinneret the regeneration of viscose of high sulfide content proceeds faster than with viscose of low sulfide content.

1. Einleitung

Schon vor einigen Jahren haben wir festgestellt [1], daß die Fäden von bei niedrigeren Temperaturen nachgereiften Viskosen beim Verlassen des Cord-Spinnbades einen bedeutend höheren Restxanthogenatgehalt aufweisen als die Fäden von Viskosen, die bei höheren Temperaturen nachgereift wurden. Um die Ursachen dieser Erscheinung zu erforschen, wurden Cord-Viskosen bei 26 bzw. 6 °C auf jeweils gleiche γ-Werte nachgereift [2][1]). Während der Nachreife wurden der γ-Wert, die Salzzahl und der Gehalt an Nebenprodukten bestimmt. Ein Vergleich der Ergebnisse zeigte, daß durch die Erniedrigung der Nachreifetemperatur der Sulfidgehalt am stärksten beeinflußt wird: Die bei 6 °C nachgereiften Viskosen hatten beim Erreichen der Spinnreife einen Sulfidgehalt, der um ca. 60% niedriger war als der in den Viskosen, die bei 26 °C zur gleichen Spinnreife (gleiche γ-Werte) nachgereift wurden.

Die in der Viskose vorkommenden und als Nebenprodukte bezeichneten Schwefelverbindungen beeinflussen aber, wie schon mehrmals bewiesen wurde, wesentlich den Spinnverlauf und die Fasereigenschaften [3, 4]. Unsere Beobachtung [2], daß der Gehalt und die Zusammensetzung dieser Nebenprodukte von der Nachreifetemperatur und dem Reifegrad abhängen, veranlaßte uns, Spinnversuche mit bei 6 und 26 °C nachgereiften Viskosen durchzuführen. Der Reifegrad der Spinnviskosen wurde hierbei in weiten Grenzen variiert.

[1]) In dieser Veröffentlichung [2] wurden in den Gleichungen über die Zusammenhänge zwischen Salzzahl und γ-Wert der Viskosen auf S. 587 und 588 versehentlich das Zeichen γ weggelassen. Die Gleichungen müssen richtig lauten:
für Viskosen mit Berol-Glyco 1540, nachgereift
bei 6 °C S.Z. = 0,38 γ − 11,2,
bei 26 °C S.Z. = 0,29 γ − 7,5;
für Viskosen mit Berol-Visco 354, nachgereift
bei 6 °C S.Z. = 0,41 γ − 12,8,
bei 26 °C S.Z. = 0,38 γ − 11,6.

2. Spinnversuche mit Viskosen, die auf verschiedene γ-Werte nachgereift wurden

Die in allen hier beschriebenen Versuchen eingesetzten Viskosen enthielten 6,5 ± 0,1% Zellstoff, 5,9 ± 0,1% NaOH, 2,5% Modifikator (auf Zellstoff bezogen). Als Modifikator wurde in der einen Versuchsreihe Berol-Glyco 1540 (Polyoxyäthylenglykol), in der anderen Berol-Visco 354 (Aminopolyoxyäthylenglykol) im Xanthatlöser zugesetzt. In den bei 6 bzw. 26 °C nachreifenden Viskosen wurden die Änderungen der Salzzahl, des Nebenproduktgehaltes und des γ-Werts verfolgt [2].

Diese Viskosen wurden nun bei verschiedenen Reifegraden (γ-Werte ca. 70 bis ca. 30) auf einer Laboranlage in zwei verschiedene Koagulationsbäder gesponnen. In beiden Bädern war der Zinkgehalt gleich (60 g $ZnSO_4$/l), die Säurekonzentration betrug 75 bzw. 95 g H_2SO_4/l, die Dichte entsprechend 1,240 bzw. 1,260 g/cm³. Das Spinnbad hatte eine Temperatur von 60 °C, und die Spinnbadstrecke betrug in diesen Versuchsreihen 130 cm. Es wurde aus einer Düse mit 244 Bohrungen, deren Durchmesser 0,040 mm betrug, gesponnen. Die Abzugsgeschwindigkeit betrug 24 m/min. Die Abnahmegalette wurde mit kalter Natriumacetatlösung berieselt. Die so gesponnenen Fasern hatten eine Feinheit von ca. 2,3 den, was ungefähr der Cordfaserdicke vor dem Recken entspricht. Jede Versuchseinstellung wurde 5- bis 7mal wiederholt.

Die Ergebnisse der γ-Wert-Bestimmungen in den so gesponnenen Fäden sind in den Bildern 1 bis 4 wiedergegeben. Die Streuung der Einzelwerte war so gering, daß man die in den Bildern als einzelne Punkte angegebenen Mittelwerte als gesichert betrachten kann. Der untere Teil der Bilder zeigt Kurven, die den Restxanthogenatgehalt (Faden-γ-Wert oder γ_F) angeben;

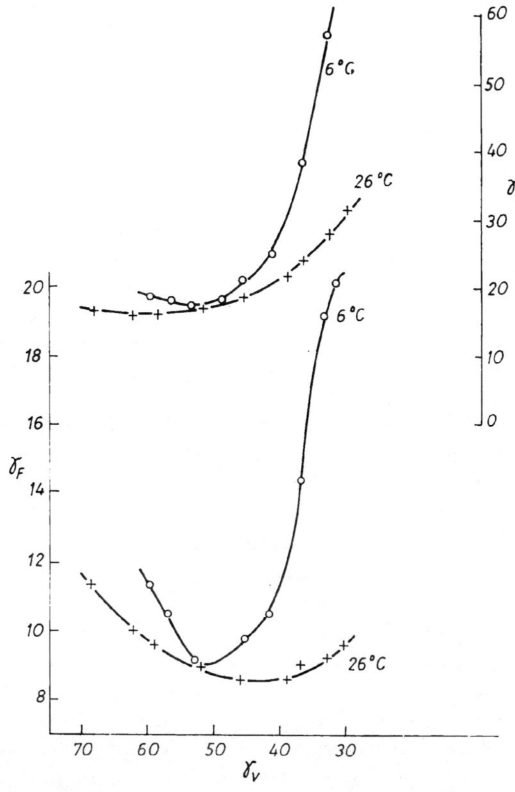

Bild 1. Einfluß des γ-Wertes der Spinnviskose (γ_V) und der Nachreifetemperatur auf den Regenerationsverlauf
Untere Kurven: γ-Wert der Fäden (γ_F)
Obere Kurven: Anteil der noch nicht zersetzten Xanthogenatgruppen in den Fäden ($\gamma_F\%$)

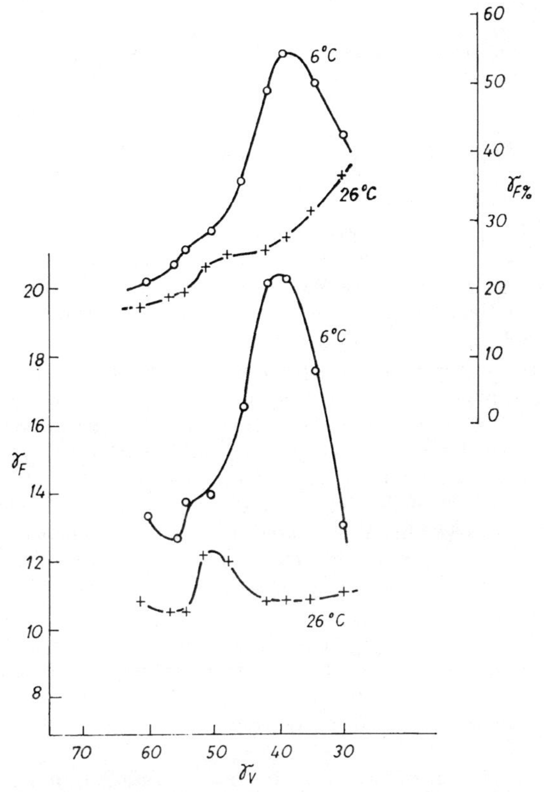

Bild 3. Einfluß des γ-Wertes der Spinnviskose (γ_V) und der Nachreifetemperatur auf den Regenerationsverlauf
Untere Kurven: γ-Wert der Fäden (γ_F)
Obere Kurven: Anteil der noch nicht zersetzten Xanthogenatgruppen in den Fäden ($\gamma_F\%$)

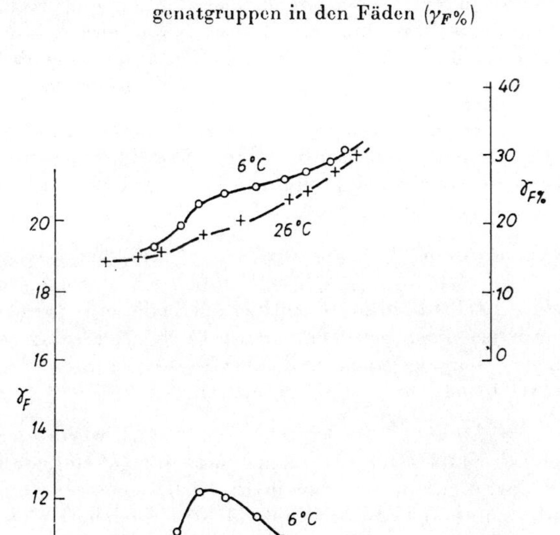

Bild 2. Einfluß des γ-Wertes der Spinnviskose (γ_V) und der Nachreifetemperatur auf den Regenerationsverlauf
Untere Kurven: γ-Wert der Fäden (γ_F)
Obere Kurven: Anteil der noch nicht zersetzten Xanthogenatgruppen in den Fäden ($\gamma_F\%$)

Bild 1 und 2: Die Viskosen enthielten 2,5% Berol-Glyco 1540 (auf Zellstoff bezogen), das Koagulationsbad 75 bzw. 95 g H_2SO_4/l, 60 g $ZnSO_4$/l

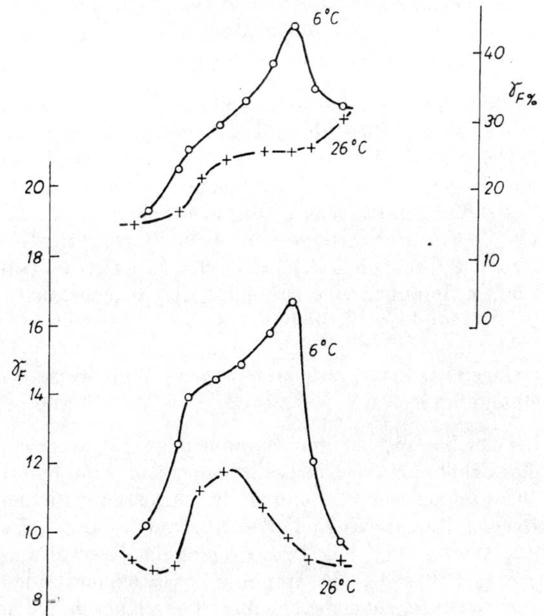

Bild 4. Einfluß des γ-Wertes der Spinnviskose (γ_V) und der Nachreifetemperatur auf den Regenerationsverlauf
Untere Kurven: γ-Wert der Fäden (γ_F)
Obere Kurven: Anteil der noch nicht zersetzten Xanthogenatgruppen in den Fäden ($\gamma_F\%$)

Bild 3 und 4: Die Viskosen enthielten 2,5% Berol-Visco 354 (auf Zellstoff bezogen), das Koagulationsbad 75 bzw. 95 g H_2SO_4/l, 60 g $ZnSO_4$/l die Kurven im oberen Bildteil geben das Verhältnis des Faden-γ-Wertes zum γ-Wert der Spinnviskose (in %) an:

$$\gamma_{F\%} = \frac{\gamma_F}{\gamma_V} \cdot 100\%.$$

Die $\gamma_{F\%}$-Werte geben an, wieviel % der in der Spinnviskose vorhandenen Xanthogenatgruppen noch nicht zersetzt wurden. Diese Werte sind also der durchschnittlichen Regenerationsgeschwindigkeit umgekehrt proportional.

Betrachtet man die Kurven in den Bildern 1 bis 4, so stellt man fest, daß die Zusammenhänge zwischen dem Reifegrad der Spinnviskose und der Regenerationsgeschwindigkeit sehr kompliziert sind. Bisher wurde allgemein angenommen, daß stark nachgereifte (alte) Viskosen schneller regenerieren und unter gleichen Bedingungen beim Verlassen des Koagulationsbades einen niedrigeren Restxanthogenatgehalt (γ_F-Wert) aufweisen als weniger nachgereifte (jüngere) Viskosen.

Eine Auswertung unserer Versuche läßt jedoch Schlußfolgerungen zu, die mit dieser und anderen Annahmen nicht übereinstimmen. Ein Vergleich der Kurven auf den Bildern 1 bis 4 zeigt, daß

1. eine Erniedrigung des γ-Wertes der Spinnviskose in manchen Bereichen die Regeneration verlangsamt (Erhöhung von $\gamma_{F\%}$ gegenüber Spinnviskosen mit kleinerem γ_V-Wert). Es zeigt sich auch, daß Fäden aus Viskosen mit geringerem γ_V-Wert einen höheren Restxanthogenatgehalt aufweisen können als solche aus Viskosen mit höherem γ_V-Wert. Dies gilt z. B. im Bild 1 für Spinnviskosen mit einem γ-Wert < 40;

2. sowohl die Modifikatoren (vgl. Bild 1 mit 3 und 2 mit 4) als auch die Spinnbadzusammensetzung (vgl. Bild 1 mit 2 und 3 mit 4) einen deutlichen Einfluß auf die Regenerationsgeschwindigkeit ausüben. Diese Feststellung dürfte man als allgemein bekannt betrachten. Es wurde aber festgestellt, daß z. B. nicht in allen Reifebereichen eine Erhöhung der Säurekonzentration im Spinnbad eine Erhöhung der Regenerationsgeschwindigkeit verursacht. Beim Vergleich der Bilder 1 und 2 zeigt sich dies z. B. für die bei 6 °C nachgereiften Viskosen bei einem γ_V-Wert zwischen 40 und 60;

3. bei gleicher Viskose- und Spinnbadzusammensetzung die Erhöhung der Nachreifetemperatur von 6 auf 26 °C immer eine Erhöhung der durchschnittlichen Regenerationsgeschwindigkeit (Erniedrigung des $\gamma_{F\%}$-Wertes) und eine Erniedrigung des Restxanthogenatgehaltes der das Spinnbad verlassenden Fäden verursacht (vgl. die oberen und unteren Kurven in den Bildern 1 bis 4). Dies tritt besonders deutlich in Erscheinung, wenn man Viskosen, die mit stark einwirkenden Substanzen modifiziert wurden (z. B. Berol-Visco 354) in ein verhältnismäßig wenig saures Koagulationsbad spinnt (Bild 3). Die Unterschiede im γ_F-Wert können über 100% betragen; man kann diese Erscheinung also nicht als zufällig, sondern als charakteristisch für die untersuchten Zusammenhänge betrachten.

3. *Zugabe von Natriumsulfidlösung zur Viskose*

In einer bereits veröffentlichten Arbeit [2] wurde festgestellt, daß sich die bei 6 bzw. 26 °C nachgereiften Viskosen besonders im Sulfidgehalt unterscheiden. Diese Viskosen zeigten auch beim Spinnen deutlich unterschiedliche Regenerationsgeschwindigkeiten, so daß es möglich sein sollte, durch Zugabe von Na_2S zur Viskose den Spinnvorgang wesentlich zu beeinflussen.

Beim Festlegen der Versuchsbedingungen mußte berücksichtigt werden, daß die Zugabe von Na_2S-Lösung die Zusammensetzung der Viskose ändert: Sie erniedrigt den Cellulose- und erhöht den Gesamtalkaligehalt. Das Nachreifen der Viskosen verschiedener Zusammensetzungen kann das Endergebnis der Nachreife und den Spinnvorgang beeinflussen. Um diesen Einfluß möglichst auszuschalten, wurden mehrere Versuchsreihen durchgeführt:

Versuchsreihe A 1: Es wurden Viskosen der schon beschriebenen Zusammensetzung, 6,5% Zellstoff, 5,9% NaOH, 2,5% Berol-Visco 354 (auf Zellstoff bezogen), hergestellt und bei 6 bzw. 26 °C nachgereift.

Versuchsreihe A 2: Zu denselben Viskosen wurde vor der Nachreife, also bei einer Salzzahl von ca. 14, Na_2S-Lösung gegeben. Die Menge des Na_2S wurde so berechnet, daß die Konzentration der Sulfide sich in den bei 26 °C nachgereiften Viskosen um 0,100% und in den bei 6 °C nachgereiften um 0,125% erhöhen sollte. Hier, wie auch bei allen folgenden Konzentrationsangaben schwefelhaltiger Verbindungen, wurde jeweils auf die Konzentration von S in der betreffenden Verbindung umgerechnet und die Bezeichnung $S_{S''}$ bzw. $S_{CS_3''}$ gewählt. Der Unterschied von 0,025% sollte den Gehalt an $S_{S''}$ in den bei 6 und 26 °C nachgereiften Viskosen ausgleichen.

Versuchsreihe A 3: Viskosen und Zusätze waren dieselben wie in der Versuchsreihe A 2, die Na_2S-Lösung wurde aber erst kurz vor dem Spinnen bei einer Salzzahl von ca. 8,5 zugegeben.

Versuchsreihe B 1: Es wurden Viskosen hergestellt, die 6,8% Zellstoff, 5,1% NaOH und 2,5% Berol-Visco 354 (auf Zellstoff bezogen) enthielten. Zu diesen Viskosen wurde bei einer Salzzahl von ca. 14 NaOH-Lösung in solcher Menge gegeben, daß die Viskosen danach 6,5% Zellstoff und 5,9% NaOH enthielten.

Versuchsreihe B 2: Anstelle von NaOH wurde der Viskose Na_2S-Lösung in solcher Menge zugesetzt, daß sich die Sulfidkonzentration in den bei 6 °C nachgereiften Viskosen um 0,350% und in den bei 26 °C nachgereiften um 0,300% erhöhte. Die Zellstoff- und Alkalikonzentration sollte nach der Lösungszugabe ähnlich der in der Versuchsreihe B 1 sein.

Versuchsreihe B 3: Unter den Bedingungen der Versuchsreihe B 1 erfolgte die NaOH-Zugabe erst bei einer Salzzahl von ca. 8,5.

Versuchsreihe B 4: Unter den Bedingungen der Versuchsreihe B 2 erfolgte die Na_2S-Zugabe ebenfalls erst bei einer Salzzahl von ca. 8,5.

Alle beschriebenen Viskosen (4 bis 5 in jeder Versuchsreihe) wurden bis zu einer Salzzahl von ca. 7,5 nachgereift und in der so erhaltenen Spinnviskose der γ_V-

Tabelle 1. Einfluß des Natriumsulfid-Zusatzes auf die Viskosezusammensetzung und den Verlauf der Regeneration

Nachreifetemperatur °C	Versuchsreihe	Viskosezusammensetzung												Fäden	
		Vor der Na_2S-Zugabe		Na_2S-Zugabe		Spinnviskose								Restxanthogenat γ_F-Wert	$\gamma_{F\%} = \frac{\gamma_F}{\gamma_V} \cdot 100\%$
		Zellstoff %	NaOH %	$S_{S''}$-Zugabe %	Zugegeben bei Salzzahl	Zellstoff %	NaOH %	$\frac{\text{NaOH \%}}{\text{Zellstoff \%}}$	Salzzahl	γ_V-Wert	$S_{S''}$ %	$S_{S''}$-Verlust	$S_{CS_3''}$ %		
6	A-1	6,5	5,9	—	—	6,5	5,9	0,91	7,6	51,6	0,047	—	0,94	24,8	48,0
	A-2	6,5	5,9	0,125	14	6,4	6,2	0,97	7,4	51,8	0,127	0,045	0,99	21,3	41,1
	A-3	6,5	5,9	0,125	8,5	6,4	6,2	0,97	7,4	50,6	0,171	0,001	0,93	25,1	49,6
26	A-1	6,5	5,9	—	—	6,5	5,9	0,91	7,5	52,1	0,103	—	0,93	16,0	30,7
	A-2	6,5	5,9	0,100	14	6,4	6,2	0,97	7,4	51,5	0,163	0,040	0,99	15,5	30,1
	A-3	6,5	5,9	0,100	8,5	6,4	6,2	0,97	7,4	51,8	0,200	0,003	0,92	17,8	34,4
6	B-1	6,8	5,1	NaOH	14	6,5	5,9	0,91	7,2	53,0	0,053	—	0,94	26,1	49,2
	B-2	6,8	5,1	0,350	14	6,5	5,9	0,91	7,3	55,7	0,357	0,046	1,07	13,2	23,7
	B-3	6,8	5,1	NaOH	8,5	6,5	5,9	0,91	7,4	52,6	0,050	—	1,00	24,2	46,0
	B-4	6,8	5,1	0,350	8,5	6,5	5,9	0,91	7,0	51,4	0,391	0,009	1,02	16,4	31,9
26	B-1	6,8	5,1	NaOH	14	6,5	5,9	0,91	7,4	54,3	0,090	—	0,99	18,9	34,8
	B-2	6,8	5,1	0,300	14	6,5	5,9	0,91	7,2	52,9	0,340	0,050	1,07	10,7	20,2
	B-3	6,8	5,1	NaOH	8,5	6,5	5,9	0,91	7,2	53,3	0,088	—	0,95	17,4	32,6
	B-4	6,8	5,1	0,300	8,5	6,5	5,9	0,91	7,0	53,2	0,387	0,001	0,96	12,2	22,9

Wert und der Nebenproduktgehalt nach *Philipp* [5] bestimmt. Danach wurden die Viskosen in ein Koagulationsbad mit 95 g H_2SO_4/l, 60 g $ZnSO_4$/l bei 60 °C gesponnen. Die Spinnstrecke betrug 130 cm. In den Fäden wurde der γ_F-Wert bestimmt und auf $\gamma_{F\%}$ umgerechnet. Die Ergebnisse sind in Tabelle 1 zusammengestellt.

Wir setzen, wie auch in einer vorausgehenden Veröffentlichung [2], voraus, daß der in den Nebenprodukten gebundene Schwefel zu 98% in Form von Sulfid und Thiocarbonat vorkommt. Betrachtet man unter dieser Voraussetzung die Änderungen im Nebenproduktgehalt der Viskosen, so stellt man fest, daß das zugesetzte Natriumsulfid teilweise in Thiocarbonat übergegangen ist, denn

a) die Summe aus dem Sulfidgehalt der Kontroll-Spinnviskosen (A 1, B 1, B 3) und der den Viskosen A 2 und A 3, B 2, B 4 zugesetzten Na_2S-Lösung ist immer größer als der Sulfidgehalt der Spinnviskosen A 2 und A 3, B 2, B 4.
Es tritt also bei den letzteren Viskosen, denen Na_2S-Lösung zugesetzt wurde, eine in der Tabelle 1 als $S_{S''}$-Verlust bezeichnete Differenz zwischen dem analytisch feststellbaren $S_{S''}$-Gehalt im Vergleich zum berechenbaren $S_{S''}$-Gehalt auf. Diese Differenz errechnet sich nach

$$[S_{S''}\text{-Verl.}] = [S_{S''}\text{-Zugabe}] + [S_{S''}\text{-Kontr.-Visk.}] - [S_{S''}\text{-Spinnvisk.}].$$

Der Verlust ist größer, wenn die Sulfidzugabe früher erfolgt; sie ist also bei den Viskosen A 2, B 2 größer als bei den Viskosen A 3, B 4.

b) der Thiocarbonatgehalt ist in den mit Na_2S präparierten Viskosen meist höher.

Der Übergang der Sulfide in Thiocarbonate konnte bei dieser Versuchsanordnung quantitativ nicht immer genau beobachtet werden, da das Alkaliverhältnis während der Nachreife in den Kontrollviskosen zum Teil anders war als in den mit Na_2S präparierten Viskosen. Die Alkalikonzentration übt jedoch einen bedeutenden Einfluß auf die Kinetik der Nebenproduktsynthese aus.

Die Fäden, die aus den mit Na_2S präparierten Viskosen gesponnen wurden, weisen im Vergleich zu den aus den nichtpräparierten Viskosen gesponnenen in den meisten Fällen einen niedrigeren γ_F-Wert und ebenfalls einen niedrigeren $\gamma_{F\%}$-Wert auf (vgl. in Tabelle 1 den Versuch B 1 mit B 2 und B 3 mit B 4). Diese Erscheinung einer Regenerationsbeschleunigung bei Zugabe von Na_2S zur Viskose tritt sowohl bei einer Nachreifetemperatur von 6 °C als auch bei einer von 26 °C auf.

Vergleicht man den γ_F-Wert der Fäden, gesponnen aus den Viskosen A 2 bzw. B 2, mit dem der Fäden aus den Viskosen A 3 bzw. B 4, so stellt man außerdem fest, daß eine NaS_2-Zugabe bereits bei einer Salzzahl von ca. 14 die Regeneration stärker beschleunigt, als wenn die Zugabe erst kurz vor dem Spinnen bei einer Salzzahl von ca. 8,5 erfolgt. Bei den Spinnviskosen B 2 bzw. B 4 ist der Nebenproduktgehalt trotz der unterschiedlichen Nachreifetemperatur dieser Viskosen fast gleich. Dagegen sind sich die Regenerationsgeschwindigkeiten in den Fäden, die aus diesen Viskosen gesponnen wurden, nur dann ähnlich, wenn die Na_2S-Zugabe bei einer Salzzahl von 14 erfolgte (Versuche B 2).

Gleicht man den Sulfidgehalt der bei 6 bzw. 26 °C nachgereiften Viskosen erst kurz vor dem Spinnen durch Na_2S-Zugabe aus, so treten Unterschiede in den Regenerationsgeschwindigkeiten auf.

4. Änderungen des γ_F-Wertes der Fäden im Verlauf des Spinnprozesses

Es wurde bewiesen [1, 2], daß von Viskosen, die bei verschiedenen Temperaturen nachgereift wurden, diejenigen mit der höheren Nachreifetemperatur einen höheren Sulfidgehalt in der Spinnviskose und einen niedrigeren Faden-γ_F-Wert bei Verlassen des Spinnbades besitzen. Die umfassenden Arbeiten, die u. a. von *A. Gröbe* u. Mitarb. durchgeführt wurden [4], haben bewiesen, daß die Zinksulfid-Deckschicht, die im Koagulationsbad auf der Faser entsteht, eine Verzögerung des Regenerationsprozesses verursacht. Bei höheren Sulfidkonzentrationen in der Spinnviskose müßte also die Deckschicht dicker sein, und infolge dessen sollten die Diffusionsvorgänge und die Zersetzungsreaktionen langsamer verlaufen.

Um den entstandenen Widerspruch zwischen der „Deckschicht-Theorie" und den geschilderten eigenen Beobachtungen zu beseitigen, wurde die Hypothese aufgestellt, daß die Viskosen mit höherem Sulfidgehalt zwar tatsächlich im Koagulationsbad langsamer regenerieren, jedoch nur bis zu einer gewissen, geringen Entfernung der Fäden von der Spinndüse. Beim weiteren Verlauf der Fäden durch das Koagulationsbad werden die anfangs langsamer verlaufenden Regenerationsprozesse dann so beschleunigt, daß nach einer Spinnstrecke von 130 cm der γ_F-Wert niedriger ist als der in den anfangs schneller regenerierenden Fäden aus Viskosen mit niedrigerem Sulfidgehalt.

Um diese Hypothese nachzuprüfen, wurde der Faden während des Spinnens aus dem Koagulationsbad heraus auf eine kleine, verstellbare und mit kalter Natriumacetatlösung berieselte Galette geführt und die γ_F-Werte der so erhaltenen Fäden bestimmt. Die Spinnbadstrecken betrugen bei diesen Versuchen 130, 81, 42 und 22 cm. Eine weitere Verkürzung der Spinnbadstrecke war nicht möglich, da die Fäden dann (bei einem γ_F-Wert von ca. 50) eine zu geringe Festigkeit besaßen, um gleichmäßig aufgewickelt und neutralisiert werden zu können.

Die Viskosezusammensetzung und die Spinnbedingungen wurden gegenüber den bereits beschriebenen Versuchen nicht geändert: Die Viskose enthielt 6,5% Zellstoff, 5,9% NaOH, 2,5% Berol-Visco 354 (auf Zellstoff bezogen); das Koagulationsbad enthielt 95 g H_2SO_4/l, 60 g $ZnSO_4$/l, (D = 1,260 g/cm³), die Temperatur betrug 60 °C und die Abzugsgeschwindigkeit 24 m/min. Die bei 6 und 26 °C nachgereiften Viskosen wurden bei einem γ_V-Wert von ca. 55 (Salzzahl ca. 10) und 50 (Salzzahl ca. 7,5) gesponnen. In jeder Versuchsreihe wurden 5 Vis-

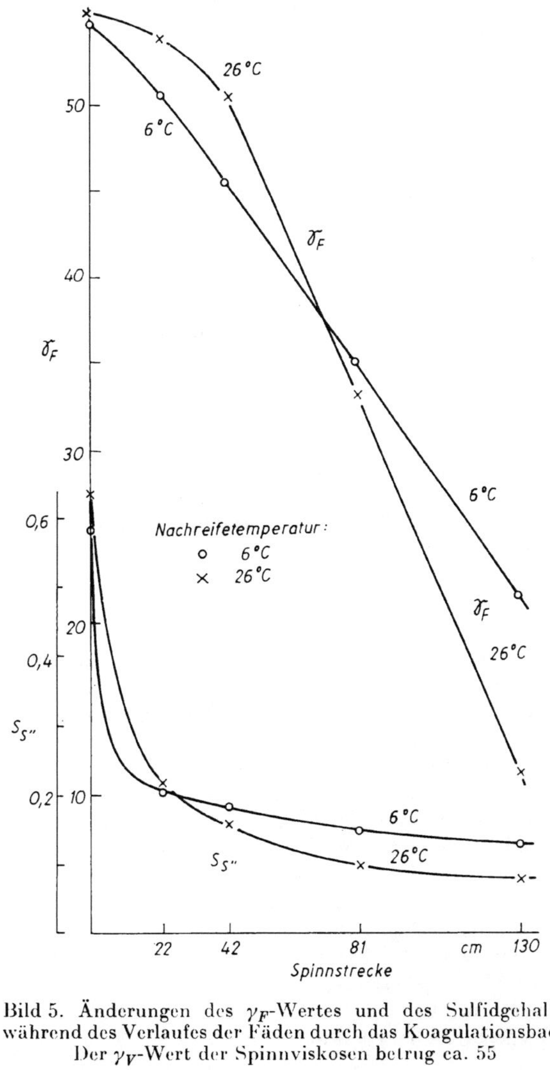

Bild 5. Änderungen des γ_F-Wertes und des Sulfidgehalts während des Verlaufes der Fäden durch das Koagulationsbad. Der γ_V-Wert der Spinnviskosen betrug ca. 55

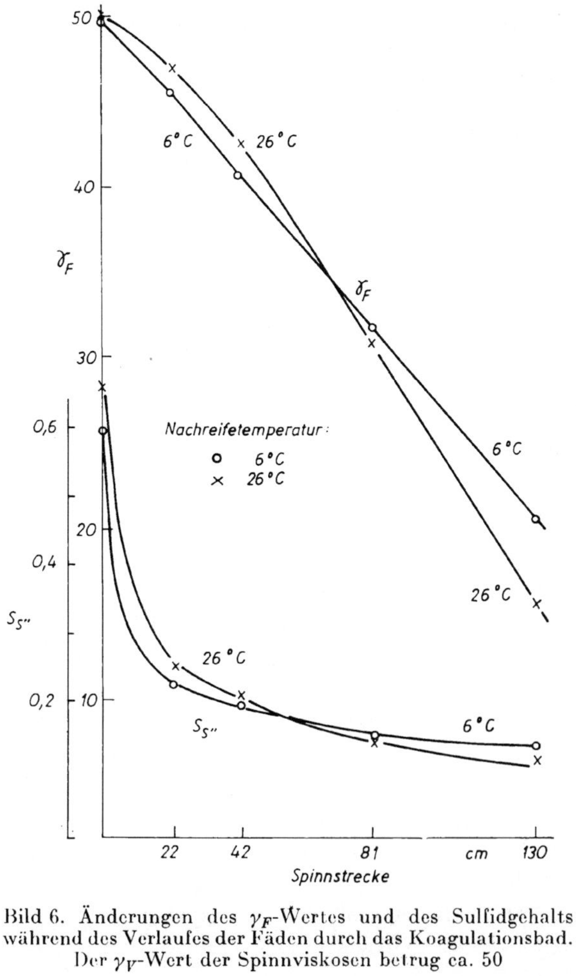

Bild 6. Änderungen des γ_F-Wertes und des Sulfidgehalts während des Verlaufes der Fäden durch das Koagulationsbad. Der γ_V-Wert der Spinnviskosen betrug ca. 50

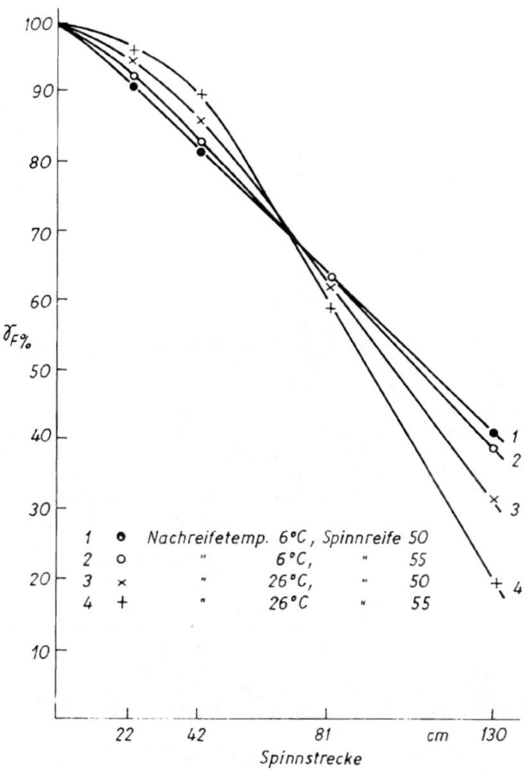

Bild 7. Änderungen des Anteils der noch nicht zersetzten Xanthogenatgruppen in den Fäden ($\gamma_{F\%}$) während des Verlaufes durch das Koagulationsbad

kosen gesponnen. In den Fäden wurde neben dem γ_F-Wert der Sulfidgehalt (als $S_{S''}$ in % auf Zellstoff bezogen) bestimmt und die Ergebnisse (Mittelwerte von fünf Spinnversuchen) auf den Bildern 5 und 6 zusammengestellt. Auf diesen Bildern wurde auf der Abszisse der Abstand der Fadenentnahme von der Düse und auf der Ordinate der Sulfid- bzw. Restxanthogenatgehalt (γ_F-Wert) aufgetragen. Die Werte beim Nullabstand von der Düse charakterisieren die Spinnviskosen. Um den Verlauf des Regenerationsprozesses in den Fäden, die aus den bis zum γ_V-Wert 55 bzw. 50 nachgereiften Viskosen gesponnen wurden, zu vergleichen, wurden alle γ_F-Werte auf $\gamma_{F\%}$ umgerechnet und diese im Bild 7 in ihrem Verhältnis zur Länge der von den Fäden durchlaufenen Spinnstrecke gezeigt.

Der Kurvenverlauf bestätigt die Hypothese, nach der die im Koagulationsbad anfangs (dicht bei der Düse) langsam regenerierenden Viskosen später schneller Xanthogenat abspalten und beim Verlassen des Spinnbades einen niedrigeren Restxanthogenatgehalt aufweisen als die Fäden aus den anfangs schneller regenerierenden Viskosen. 22 cm von der Spinndüse entfernt weisen die Fäden von der bei 26 °C bis zum γ_V-Wert 55 nachgereiften Viskosen den höchsten $\gamma_{F\%}$-Wert auf, während die Fäden von den bei 6 °C bis zum γ_V-Wert 50 nachgereiften Viskosen den niedrigsten $\gamma_{F\%}$-Wert zeigen.

Die bei diesen Versuchen benutzten Spinnviskosen unterscheiden sich deutlich in ihrem Gehalt an Nebenprodukten [2]. Es wurde also versucht, einen Zusammenhang zwischen dem Sulfidgehalt der Spinnviskose und der Regenerationsgeschwindigkeit in den sich noch

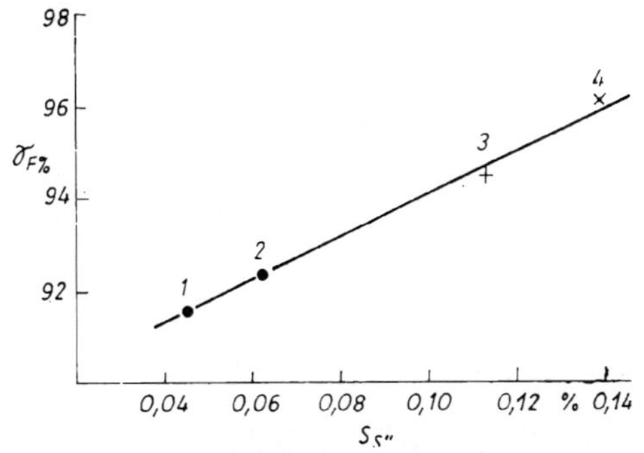

Bild 8. Verhältnis zwischen dem Sulfidgehalt der Viskose und dem Anteil der noch nicht zersetzten Xanthogenatgruppen ($\gamma_{F\%}$-Wert) in den Fäden

Die Badstrecke betrug 22 cm

Punkt 1: Viskose, nachgereift bei 6 °C bis zum γ-Wert 50
Punkt 2: Viskose, nachgereift bei 6 °C bis zum γ-Wert 55
Punkt 3: Viskose, nachgereift bei 26 °C bis zum γ-Wert 50
Punkt 4: Viskose, nachgereift bei 26 °C bis zum γ-Wert 55

dicht bei der Düse im Koagulationsbad befindenden Fäden zu finden. Bild 8 gibt hierzu das Verhältnis zwischen dem $\gamma_{F\%}$-Wert (gemessen an den 22 cm von der Spinndüse entnommenen Fäden) und dem Sulfidgehalt $S_{S''}$ der bis zum γ_V-Wert 55 und 50 nachgereiften Spinnviskosen bei zwei unterschiedlichen Nachreifetemperaturen an. Man sieht, daß die Punkte fast auf einer geraden Linie liegen. Hiermit wird die Hypothese vom negativen Einfluß des Sulfidgehalts der Viskose auf die Anfangsgeschwindigkeit des Regenerationsprozesses bestätigt.

Aus manchen Veröffentlichungen könnte man folgern [4], daß die Regenerationsgeschwindigkeit vom Gehalt an solchen Nebenprodukten abhängt, bei deren Zersetzung H_2S entsteht. In Bild 9 wurde versucht, ein Verhältnis zwischen dem $\gamma_{F\%}$-Wert (gemessen an den 22 cm von der Düse entnommenen Fäden) und entweder dem Thiocarbonatgehalt ($S_{CS_3''}$) oder dem Gehalt an H_2S-bildenden Nebenprodukten (S_{H_2S}) zu finden. Unter S_{H_2S} ist hierbei die Summe aus $S_{S''} + 1/3\ S_{CS_3''}$ zu verstehen, da die Thiocarbonatzersetzung nach der Gleichung

$$Na_2CS_3 + H_2SO_4 = Na_2SO_4 + H_2S + CS_2$$

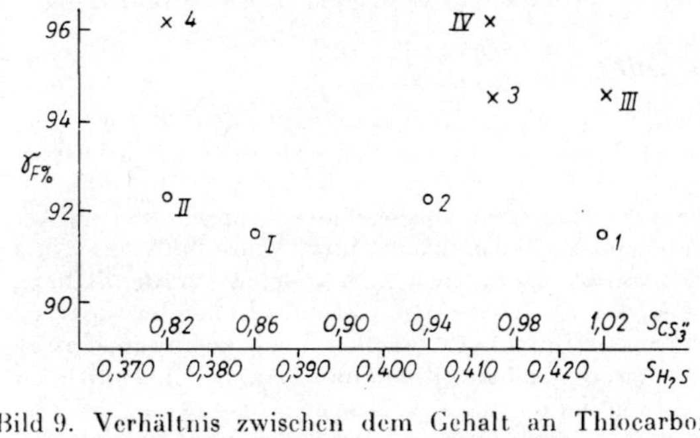

Bild 9. Verhältnis zwischen dem Gehalt an Thiocarbonat bzw. H_2S-bildenden Nebenprodukten der Viskose und dem Anteil der noch nicht zersetzten Xanthogenatgruppen in den Fäden bei einer Badstrecke von 22 cm

Die Viskosebezeichnungen entsprechen denen auf Bild 8. Die arabischen Ziffern bezeichnen den Thiocarbonatgehalt $S_{CS_3''}$, die römischen Ziffern den Gehalt an S_{H_2S}

verläuft. Alle Werte in Bild 9 wurden für dieselben Viskosen und Fäden wie in Bild 8 berechnet. Man sieht, daß zwischen den auf Bild 9 angegebenen Werten kein Verhältnis besteht. Die Prozesse, die in einer größeren Entfernung von der Spinndüse in den Fäden ablaufen, sollen in einer späteren Veröffentlichung besprochen werden.

5. *Schlußfolgerungen*

Bis jetzt wurde festgestellt, daß

a) sich bei verschiedenen Temperaturen nachgereifte Viskosen deutlich im Sulfidgehalt unterscheiden [2].

b) Spinnviskosen, die entweder infolge verschiedener Nachreifetemperatur oder des Zusatzes von Na_2S-Lösung unterschiedliche Sulfidgehalte besaßen, auch verschiedene Regenerationsgeschwindigkeiten im Koagulationsbad zeigten.

c) zwischen dem Sulfidgehalt der Spinnviskose und dem Anteil der noch nicht zersetzten Xanthogenatgruppen des Fadens ($\gamma_{F\%}$) in einem bestimmten, geringen Abstand des Fadens von der Düse ein linearer Zusammenhang bestand. Ein Einfluß der Thiocarbonate auf die Regenerationsgeschwindigkeit der Fäden wurde nicht festgestellt.

d) Fäden, die in geringer Entfernung von der Spinndüse schneller regenerierten, nach weiterem Verlauf durch das Spinnbad einen höheren Restxanthogenatgehalt aufwiesen als Fäden, die bei der Düse Xanthogenatgruppen langsamer abspalteten.

Um diese Feststellungen zu erklären, wurden Beobachtungen der Faserstruktur durchgeführt. Hierüber werden wir demnächst berichten, die Ergebnisse zusammenfassend diskutieren und einige Ergänzungen zur Faserbildungstheorie vorstellen.

Literatur

[1] *Kaszyński, A.*, und *Markowska, D.*: Einfluß von einigen Modifizierungsmitteln und der Temperatur auf den Verlauf der Viskosenachreife und die Eigenschaften der Faser im primären Gelzustand. Abh. dt. Akad. Wiss. Berlin, Klasse Chemie (1963) 1, S. 179–185.

[2] *Kaszyński, A.*: Die Nachreifetemperatur als ein die Viskoseeigenschaften bestimmender Faktor. Faserforsch. u. Textiltechnik **22** (1971) 12, S. 587–591.

[3] *Lewine, N.*, und *Buroughs, R. H.*: Factors influencing the role of additives during the regeneration of cellulose from viscose solutions. J. appl. Polymer Sci. **2** (1959) 5, S. 192–197.

[4] *Maron, R.*, *Rose, K. P.*, und *Gröbe, A.*: Elektronenmikroskopische Untersuchungen an Oberflächen von Celluloseregeneratfäden. Teil II. Nachweis und Charakterisierung von Deckschichten auf der Fadenoberfläche. Faserforsch. u. Textiltechnik **19** (1968) 7, S. 319–324.

[5] *Philipp, B.*: Potentiometrische Untersuchungen an Viskoselösungen. II. Mitteilung zur Viskoseanalytik. Faserforsch. u. Textiltechnik **5** (1954) 8, S. 337–347.

Eingegangen am 4. Februar 1972

Zur Analytik oxydativ entstandener Viskosenebenprodukte

Horst Dautzenberg, Burkart Philipp und Jürgen Schumann
Akademie der Wissenschaften der DDR, Institut für Polymerenchemie in Teltow-Seehof, und
VEB Fotochemisches Kombinat, Filmfabrik Wolfen

DK 661.128.84:677.021.122.225:546.265:546.223.2–325:543.253:543.42.062

Neuere Ergebnisse zur Spektralfotometrie und Polarographie des Tri- und Perthiocarbonats sowie des Disulfids werden mitgeteilt. Ferner wird über Erfahrungen bei der polarographischen Thiosulfatbestimmung in Viskose berichtet.

Анализ образованных путем окисления побочных продуктов вискозы

Сообщаются результаты спектрофотометрического и полярографического определения три- и надтиокарбоната и накопленный опыт при полярографическом определнии тиосульфата в вискозе.

The Analysis of Viscose By-Products Formed by Oxydation

Recent results of spectrophotometric and polarographic determination of trithiocarbonate, perthiocarbonate and disulfide as well as experiences with the polarographic determination of thiosulfate are described.

1. *Zielstellung*

In einer kürzlich erschienenen Arbeit [1] hatten wir über oxydative Veränderungen in Viskosen während des Nachreifeprozesses berichtet, wobei die analytische Methodik zur Bestimmung anoxydierter Viskosenebenprodukte, insbesondere von Perthiocarbonat und Thiosulfat, nur kurz gestreift wurde. Im Rahmen einer anderen Veröffentlichung [2] hatten wir die Problematik einer simultanen Bestimmung verschiedener sulfidischer Anionen durch potentiometrische Fällungstitration behandelt und dabei auf die Unmöglichkeit einer getrennten potentiometrischen Erfassung von Tri- und Perthiocarbonat hingewiesen. Die folgende Mitteilung soll nun einige neuere Beobachtungen bei der polarographischen Bestimmung von Na_2CS_4 und $Na_2S_2O_3$ sowie bei der spektralfotometrischen Bestimmung von Na_2CS_4 in Viskosen zusammenfassen und daraus für die Betriebsanalytik geeignete Arbeitsvorschriften ableiten.

2. *Zur Spektralfotometrie des Perthiocarbonats in Gegenwart von CS_3''*

Für die anstehende Problematik kommt ausschließlich die UV/Vis.-Spektroskopie in Frage, so daß neuere Arbeiten [3, 4] zur Charakterisierung des IR-Spektrums von Na_2CS_4 unberücksichtigt bleiben können. In Übereinstimmung mit früheren Angaben anderer Autoren [5 bis 9] erhielten wir für reine Na_2CS_4-Lösungen neben der vielen Thioanionen gemeinsamen Bande bei ≈ 220 nm zwei ausgeprägte Banden bei 320 und 400 nm, für die wir in 0,1 n NaOH als Meßmedium folgende molare Extinktionskoeffizienten ermittelten:

$$\varepsilon_{218} = 18800 \pm 400 \text{ l mol}^{-1} \text{ cm}^{-1},$$
$$\varepsilon_{320} = 12700 \pm 300 \text{ l mol}^{-1} \text{ cm}^{-1},$$
$$\varepsilon_{400} = 7600 \pm 300 \text{ l mol}^{-1} \text{ cm}^{-1}.$$

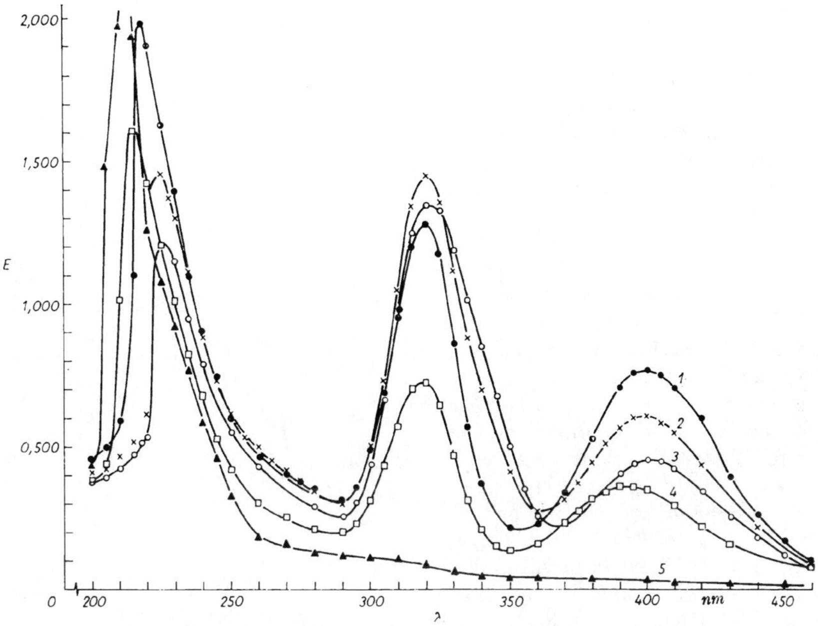

Bild 1. Abhängigkeit des Perthiocarbonatspektrums vom pH-Wert bzw. der NaOH-Konzentration
$[Na_2CS_4] = 10^{-4}$ mol/l $T = 20\,°C$

1 — • — 0,1 m NaOH
2 — × — 2 m NaOH
3 — ○ — 5 m NaOH
4 — □ — 0,2 m Phosphatpuffer pH = 10
5 — ▲ — 0,2 m Phosphatpuffer pH = 8

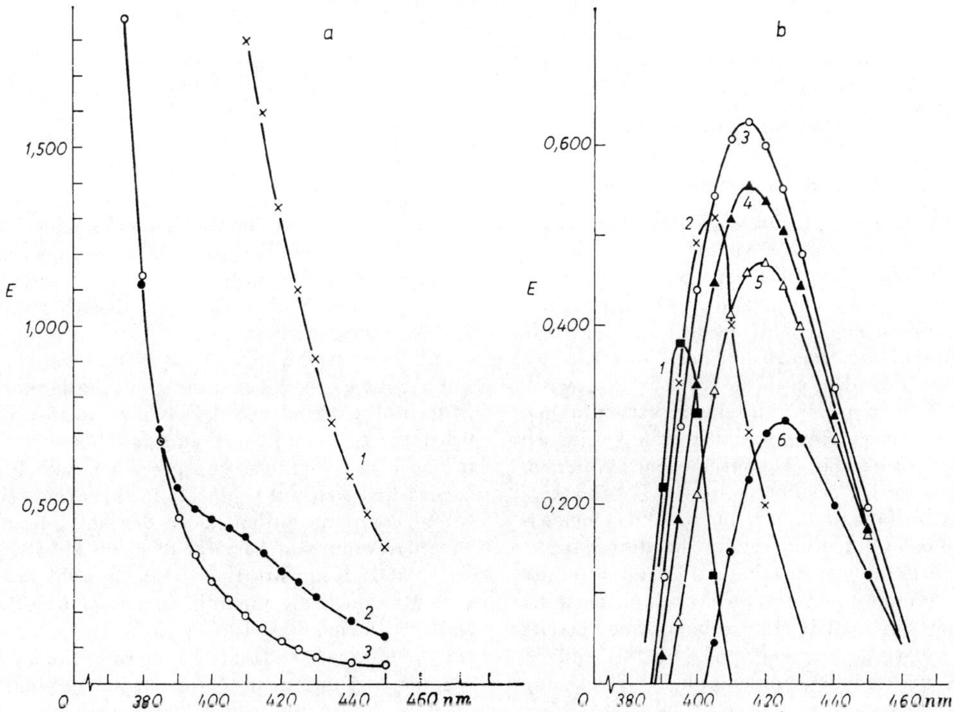

Bild 2. Perthiocarbonat in Gegenwart von Trithiocarbonat

a) 1: 10^{-2} m Na_2CS_3 in 0,1 m NaOH
2: 10^{-2} m Na_2CS_3 in 5 m NaOH
3: 10^{-2} m Na_2CS_3 in 5 m NaOH + 1‰ CN′

b) Änderung des Perthiocarbonatmaximums in Gegenwart von Na_2CS_3 in 0,1 m NaOH bei 20 °C
$[Na_2CS_4] = 10^{-4}$ mol/l $[Na_2CS_3] = 10^{-3}$ mol/l Vergleichslösung 10^{-3} m Na_2CS_3 in 0,1 n NaOH

1: ■ — sofort gemessen
2: × — nach 5 min
3: ○ — nach 10 min
4: ▲ — nach 20 min
5: △ — nach 30 min
6: • — nach 90 min

Die in Bild 1 dargestellte Abhängigkeit von Form und Höhe der Banden sowie der Lage ihres Maximums auf der λ-Achse vom pH-Wert bzw. der OH'-Konzentration führen wir weniger auf eine echte pH-Abhängigkeit des Na_2CS_4-Spektrums, als vielmehr auf pH-abhängige Redoxprozesse zurück, die vor allem bei höheren Laugenkonzentrationen möglicherweise zu einer partiellen Rückbildung von Trithiocarbonat führen.

In Gegenwart des in Viskosen vorhandenen großen Trithiocarbonatüberschusses (Molverhältnis CS_3'' zu $CS_4'' \cong 100:1$) kommt eine Auswertung der Bande bei 320 nm wegen des starken Einflusses der benachbarten Trithiocarbonatbande mit einem Maximum bei 336 nm praktisch nicht in Frage, da eine Kompensation der CS_3''-Bande für das angegebene Molverhältnis nicht möglich ist. Die Bande bei 400 nm wäre zwar von ihrer Lage her zur Ermittlung des CS_4''-Gehaltes auch in Gegenwart eines großen CS_3''-Überschusses geeignet, wird jedoch — wie Bild 2 zeigt und wie in anderem Zusammenhang ausführlicher beschrieben [10] — in nicht reproduzierbarer Weise durch verschiedene andere Oxydationsprodukte des Trithiocarbonats beeinflußt, deren Extinktionsmaximum im gleichen Wellenlängenbereich liegt. Eine spektralfotometrische CS_4''-Bestimmung in Viskosen ist daher auch unter Heranziehung der Bande bei 400 nm von zweifelhaftem Aussagewert, zumal sich auch für CS_3'' und CS_4'' keine als Meßmedium geeignete gemeinsame NaOH-Konzentration finden läßt, indem in 0,1 n NaOH CS_4'' zwar einigermaßen stabil ist, CS_3'' aber in Abwesenheit eines geeigneten Antioxydans raschen oxydativen Veränderungen unterliegt, während sich bei hoher NaOH-Konzentration dieses Stabilitätsverhältnis umkehrt (vgl. [11]).

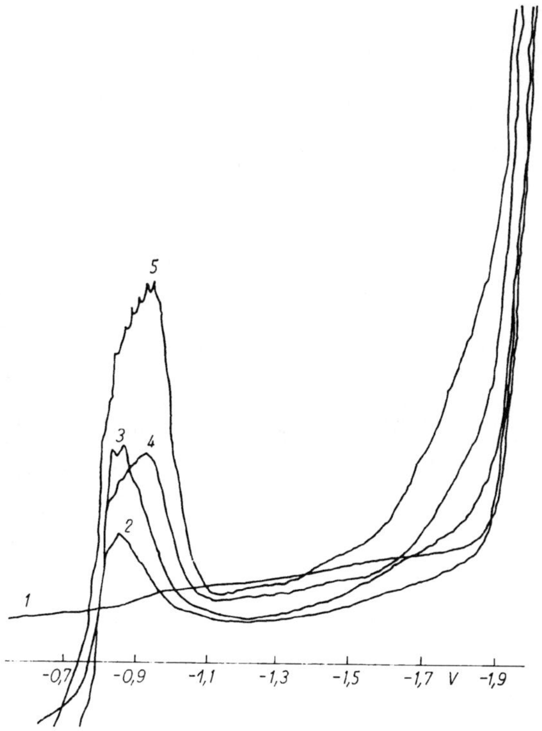

Bild 3. Kathodische Stufe von Na_2S_2 und Na_2CS_4 in 0,1 m NaOH bei 0 °C
1: 0,1 m NaOH
2,3: Na_2S_2
4,5: Na_2CS_4

3. *Polarographische Bestimmung von Perthiocarbonat*

Ältere eigene Arbeiten [12 bis 14] hatten bereits die Ähnlichkeit der Polarogramme von Disulfid und Perthiocarbonat hinsichtlich kathodischer Stufe und kathodischen Maximums sowie von Perthiocarbonat und Trithiocarbonat hinsichtlich der anodischen Fällungsstufe hervorgehoben (Bild 3). Hinsichtlich der Potentialwerte für die einzelnen Stufen ergeben sich zwar gewisse Unterschiede zwischen den einzelnen Verbindungen (Tabelle 1); diese Potentialunterschiede erlauben jedoch keine Simultanbestimmung der verschiedenen Anionen, da im kathodischen Teil des Polarogramms S_2'' und CS_4'' stets gemeinsam erfaßt werden, wobei nur ein gemeinsames Maximum beim Potentialwert des Disulfids auftritt.

Die anodische Fällungsstufe erlaubt nur eine getrennte Erfassung der Summe von Sulfid und Disulfid einerseits, der Summe von Tri- und Perthiocarbonat andererseits mit relativ geringer Genauigkeit (vgl. [12, 15]) und ist daher für die vorliegende Problematik der Erfassung geringer Mengen oxydierter Produkte neben viel Sulfid und Trithiocarbonat ohne Interesse.

Um alle denkbaren Möglichkeiten einer getrennten polarographischen Erfassung von Perthiocarbonat und Disulfid zu prüfen, untersuchten wir die Abhängigkeit der einzelnen Stufen des Perthiocarbonats von der NaOH-Konzentration.

An den in Bild 4 zusammengefaßten Ergebnissen fällt vor allem die starke Zunahme der Höhe der kathodischen Stufe mit steigender NaOH-Konzentration im Bereich $0{,}1\ n \leq c \leq 1\ m$ auf, während die Höhe des Maximums im gleichen Konzentrationsbereich merklich abnimmt. Leider ließ sich auf diese Beobachtungen keine analytische Trennung aufbauen, da der kathodische Teil des Polarogramms von Disulfid dieselbe Abhängigkeit von der NaOH-Konzentration zeigt. Sowohl das kathodische Maximum als auch die kathodische Stufe erwiesen sich im Bereich $0{,}5 \cdot 10^{-4}$ m bis $5 \cdot 10^{-4}$ m für CS_4'' wie für Disulfid als konzentrationsproportional, wobei bei gegebener Konzentration die Höhe der kathodischen

Tabelle 1. Potentialwerte für die Stufen des Na_2S_2, Na_2CS_4 *und* Na_2CS_3 *(gegen ges. Kalomelelektrode bei* 20 °C *in* 0,1 n NaOH)

	Na_2CS_4	Na_2S_2	Na_2CS_3
anod. Fällungsstufe (Fußpunkt)	−0,45 V	−0,70 V	−0,45 V (−0,70 V)
kathodisches Maximum	−0,96/0,97 V	−0,87/0,88 V	nicht vorh.
kathodische Stufe ($E_{1/2}$)	−1,75 V	−1,65 V	nicht vorh.

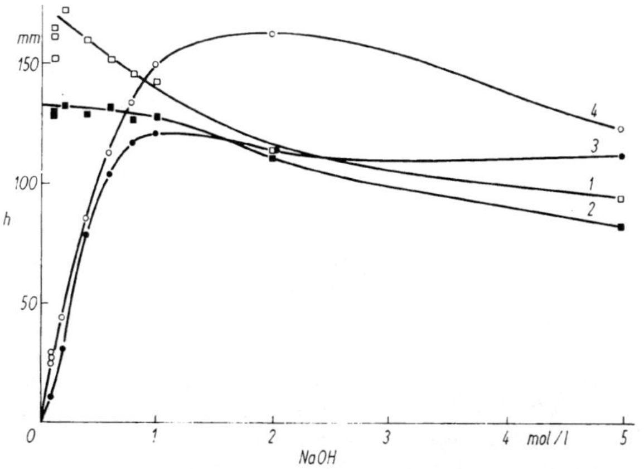

Bild 4. Abhängigkeit der polarographischen Stufen des Perthiocarbonats von der NaOH-Konzentration

Aufnahmebedingungen: $B = 0$ bis $-2{,}0$ V
$E = 1 \cdot 10^{-8}$ A/mm
$T = 20\,°C$

1: □ — kathodisches Maximum
2: ■ — anodische Fällungsstufe bei $-0{,}4$ V
3: • — kathodische Stufe bei $-1{,}5$ V
4: ○ — kathodische Stufe bei etwa $-1{,}6$ V

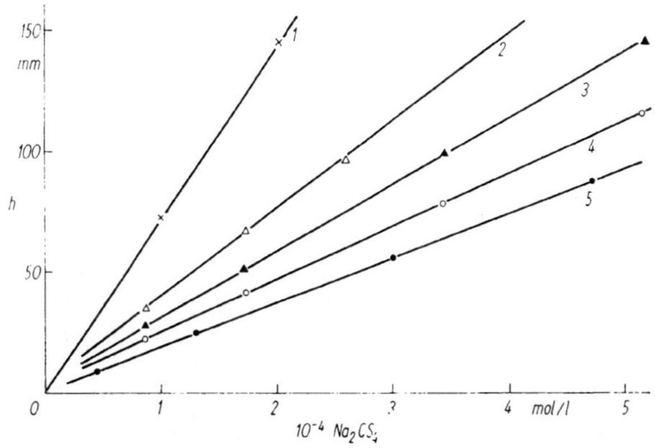

Bild 6. Erniedrigung des kathodischen Maximums in Anwesenheit von Cellulosexanthogenat

1: × — 0,1 m NaOH
2: △ — 0,1 m NaOH, $2{,}2 \cdot 10^{-3}$ mol/l [x']
3: ▲ — 0,1 m NaOH, $5{,}8 \cdot 10^{-3}$ mol/l [x']
4: ○ — 0,1 m NaOH, $11{,}8 \cdot 10^{-3}$ mol/l [x']
5: • — 0,1 m NaOH, $23{,}5 \cdot 10^{-3}$ mol/l [x']

Stufe sich für beide Verbindungen kaum unterschied, das Maximum jedoch für CS_4'' einen im Vergleich zu Disulfid etwa um 50% höheren Wert erreichte (Bild 5).

Die Ähnlichkeit im polarographischen Verhalten von Perthiocarbonat und Disulfid bestätigt u. E. die Struktur [16] des Perthiocarbonats

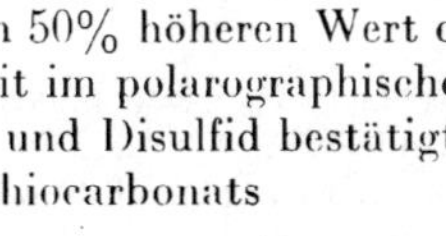

da im Falle des Disulfids offensichtlich allein die Gruppierung

die Ursache für das Auftreten des kathodischen Maximums bzw. der kathodischen Stufe sein kann. Diese

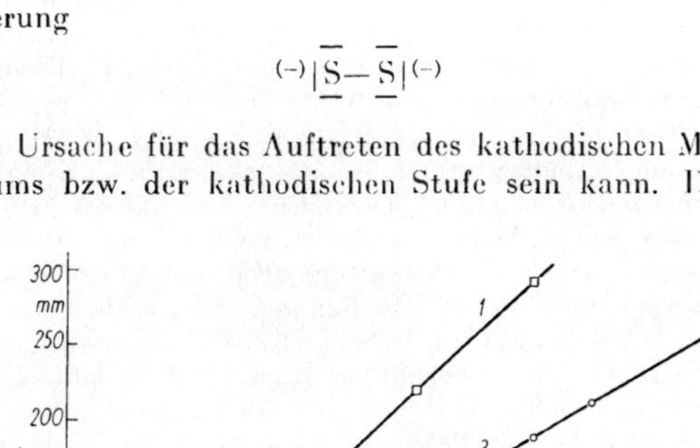

Bild 5. Polarographische Stufenhöhe von Na_2CS_4 und Na_2S_2 in 0,1 m NaOH bei 0 °C

1: □ — Na_2CS_4 (kath. Maximum)
2: ■ — Na_2CS_4 (kath. Stufe $-1{,}6$ V)
3: ○ — Na_2S_2 (kath. Maximum)
4: • — Na_2S_2 (kath. Stufe $-1{,}6$ V)

Ähnlichkeit zeigt sich übrigens auch in einer fur beide Verbindungen recht großen Zersetzlichkeit, was eine Benutzung länger aufbewahrter Stammlösungen beim analytischen Arbeiten ausschließt und die Verwendung stets frisch bereiteter Lösungen erforderlich macht.

In Gegenwart von Cellulosexanthogenat wird die Höhe des Maximums deutlich, die der kathodischen Stufe des CS_4'' aber kaum erniedrigt (Bild 6). Die Dämpfung eines polarographischen Maximums durch Cellulosexanthogenat ist an sich zwar nichts Unerwartetes, im vorliegenden Fall jedoch insofern bemerkenswert, als erstens *Werner* und *Konopik* [17] bei polarographischen Messungen an Disulfid keine wesentliche Erniedrigung des Maximums durch die üblichen Maximumdämpfer beobachteten und als zweitens niedermolekulare Xanthogenate ohne Einfluß auf das Maximum des CS_4'' blieben. Für eine CS_4''-Bestimmung in Viskose mit Hilfe des kathodischen Maximums empfiehlt sich daher die Verwendung eines CS_4''-Eichzusatzes anstelle einer Eichkurve und ein Arbeiten bei jeweils etwa konstanter Verdünnung, nach unseren Erfahrungen von etwa 1:40.

Bei Gegenüberstellung einer spektralfotometrischen und einer polarographischen CS_4''-Bestimmung mit Hilfe des kathodischen Maximums erwies sich letztere als besser reproduzierbar, und wir möchten ihr nach unseren Erfahrungen den Vorzug geben, wenn auch in beiden Fällen mit einer Beeinflussung der Meßwerte durch andere Oxydationsprodukte des Trithiocarbonats gerechnet werden muß. Die zunächst aufgeworfene Frage einer getrennten Erfassung von Disulfid und Perthiocaorbonat kann heute für die Viskoseanalytik auf Grund unserer kinetischen Untersuchungen [18] als gegenstandslos gelten, indem Di- oder Polysulfid mit dem in Viskosen auftretenden freien CS_2 rasch zum Perthiocarbonat weiterreagieren, dessen Gehalt sich polarographisch aus der Höhe des kathodischen Maximums ohne Störung durch Di- und Trithiocarbonat, Sulfid, Thiosulfat und freien CS_2 einigermaßen genau ermitteln läßt.

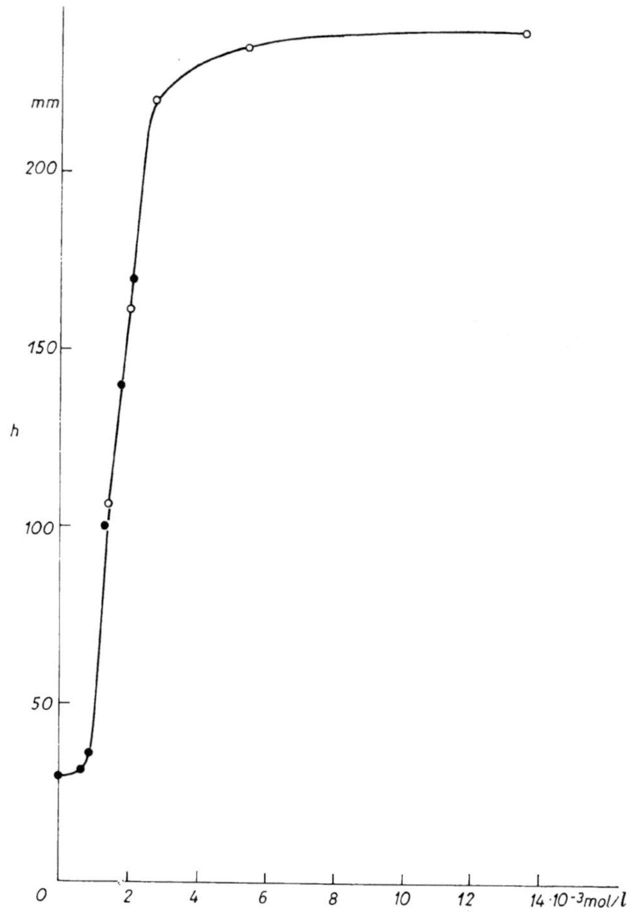

Bild 7. Abhängigkeit der polarographischen Stufenhöhe einer Thiosulfatlösung von der Xanthogenatgruppenkonzentration

$[Na_2S_2O_3] = 10^{-4}$ mol/l
$B = -0{,}5/+0{,}5$ V
$T = 20\,°C$
$E = 1 \cdot 10^{-8}$ A/mm
Standardacetatpuffer pH = 4,6

- • Stufenhöhe als $f(\gamma$-Wert) gemessen
- ∘ Stufenhöhe als f(Viskoseverdünnung) gemessen

4. *Zur polarographischen Bestimmung des Thiosulfats*

Die zuerst von *Kolhoff* und *Miller* [19] beschriebene anodische Fällungsstufe des Thiosulfats wurde von uns [12, 20] schon früher in der Weise herangezogen, daß zunächst nach Einstellung eines pH-Wertes von 4,6 die anderen Nebenprodukte zersetzt und CS_2 sowie H_2S mittels N_2-Strom aus der Lösung ausgetrieben wurden, um dann die anodische Stufe des bei diesem pH-Wert noch stabilen S_2O_3'' aufzunehmen und bei $\pm 0{,}0$ V (gegen ges. Kalomel) auszuwerten. Zur Umrechnung der Stufenhöhe auf die Konzentration diente dabei eine mit $Na_2S_2O_3$ im gleichen Puffer aufgestellte Eichkurve. Bei Anwendung dieser Methode auf Viskosen unterschiedlichen Reifezustandes ergaben sich Widersprüche, die uns zur Untersuchung des Einflusses der Cellulosexanthogenatkonzentration und des γ-Wertes der Ausgangsviskosen auf die bei pH = 4,6 bestimmte Stufenhöhe des S_2O_3'' veranlaßten. Das in Bild 7 zusammengefaßte Ergebnis zeigt eine sehr starke Zunahme der Stufenhöhe von S_2O_3'' bei Erhöhung der Xanthogenatgruppenkonzentration in dem Intervall $0{,}5 \cdot 10^{-3}$ m $\leq c \leq 5 \cdot 10^{-3}$ m, während bei Variation der Xanthogenatgruppenkonzentration außerhalb dieses Bereichs die Stufenhöhe des S_2O_3'' sich kaum ändert. Dabei spielt es keine Rolle, ob die Xanthogenatgruppenkonzentration über die Cellulosekonzentration bei gegebenem γ-Wert oder über den γ-Wert bei gegebener Cellulosekonzentration variiert wird. Wenn auch bei pH = 4,6 eine gewisse Zersetzung des Cellulosexanthogenats bereits eintritt, so dürften unter den hier angewandten Bedingungen dieser Anteil noch relativ gering und die bei pH = 4,6 verbliebene Xanthogenatgruppenkonzentration der in der Ausgangsviskose etwa proportional sein. Eine Erklärung für diese Beeinflussung der anodischen S_2O_3''-Stufe durch Cellulosexanthogenat kann vorerst nicht gegeben werden. Es ist lediglich festzustellen, daß bei anodischen Fällungsstufen anderer Thioanionen dieser Einfluß nicht auftrat und daß eine Erhöhung der S_2O_3''-Stufe nur durch Cellulosexanthogenat, nicht aber durch Zusatz niedermolekularer Xanthogenate erfolgte. Für die analytische Praxis ergibt sich die Notwendigkeit, bei der polarographischen Thiosulfatbestimmung in Viskose anstelle einer Eichkurve jeweils einen Eichzusatz zu verwenden.

5. *Arbeitsvorschriften*

Folgende Arbeitsvorschriften zur polarographischen Bestimmung von Perthiocarbonat und Thiosulfat in Viskose haben sich nach unseren Erfahrungen bewährt:

Zur Bestimmung des *Thiosulfats* wird die Viskose im Verhältnis von 1:50 bis 1:100 mit Standardacetatpufferlösung (pH ca. 4,6) verdünnt und nach 5 min langem Entlüften mit Stickstoff zum Vertreiben des CS_2 und H_2S im Bereich zwischen $-0{,}5$ V und $+0{,}5$ V gegen eine gesättigte Kalomelelektrode bei 20 °C aufgenommen. Die Auswertung der Stufenhöhe erfolgt bei $\pm 0{,}0$ V gegen den Grundstrom, wobei die wahre S_2O_3''-Konzentration der Viskoselösung mittels Eichzusatz einer Thiosulfatlösung bekannter Konzentration ermittelt wird.

Zur Bestimmung des *Perthiocarbonatgehaltes* wird die Viskose im Verhältnis von 1:40 mit eiskalter 0,1 m NaOH verdünnt und nach 5 min langem Entlüften mit Stickstoff im Bereich des kathodischen Maximums zwischen $-0{,}5$ V und $-1{,}5$ V gegen eine gesättigte Kalomelelektrode bei 0 °C aufgenommen. Die Ausbildung des kathodischen Maximums erfolgt bei ca. $-0{,}9$ V. Nach Eichzusatz einer Perthiocarbonatlösung bekannter Konzentration läßt sich aus dem Vergleich der Höhen des Maximums gegenüber dem Grundstrom der Perthiocarbonatgehalt der Viskoselösung bestimmen.

Literatur

[1] *Dautzenberg, H.*, *Philipp, B.*, und *Schumann, J.*: Zum Einfluß des Luftsauerstoffs auf die Änderung der chemischen Zusammensetzung von Viskosen während des Nachreifeprozesses. Faserforsch. u. Textiltechnik **23** (1972) 5, S. 192–198.

[2] *Dautzenberg, H.*, *Philipp, B.*, und *Schumann, J.*: Zur potentiometrischen Titration von Trithiocarbonat in Gegenwart anderer sulfidischer Anionen. Faserforsch. u. Textiltechnik **23** (1972) 9, S. 372–378.

[3] *Pelloux, S.*, und *Abrouk, M.*: Preparation and properties of potassium perthiocarbonate. C. R. Acad. Sci., Ser. C (1970) 270 (21), S. 1724–1726.

[4] *Pelloux, S.*, und *Roger, J.*: Characteristiques chimiques et spectroscopiques infrarouges de l'ion perthiocarbonate. C. R. Acad. Sci., Ser. C (1970) 270 (10), S. 943–945.
[5] *Halban, H.*, *Mackert, A.*, und *Ott, W.*: Zur Kenntnis der Trithiokohlensäure und der Perthiokohlensäure. Z. Elektrochemie angew. physik. Chemie **29** (1923) S. 445 bis 457.
[6] *Treiber, E.*, *Lang, W.*, und *Mader, E.*: Absorptionsspektrographische Beiträge zur Kenntnis der Reaktion von CS_2 mit NaOH. Holzforsch. **8** (1954) S. 97–103.
[7] *Atsuki, K.*, und *Takata, T.*: Spektralchemische Untersuchungen an Xanthaten. Cellulosechemie **19** (1941) 5/6, S. 113–116, S. 132–136.
[8] *Schauenstein, E.*, und *Treiber, E.*: UV-Untersuchungen an Viskose — Spektralfotometrische Bestimmung von Xanthogenatschwefel und Trithiocarbonat. Melliand Textilber. **32** (1951) S. 43–47.
[9] *Ingram, G.*, und *Toms, B. A.*: The hydrolysis of sodium trithiocarbonate and its reaction with ethanol. J. chem. Soc., London (1957) S. 4328–4344.
[10] *Dautzenberg, H.*, *Schumann, J.*, und *Philipp, B.*: Veröffentlichung in Vorbereitung.
[11] *J. Schumann*: Dissertation (in Vorbereitung).
[12] *Philipp, B.*, und *Dautzenberg, H.*: Polarographische und potentiometrische Untersuchungen an CS_2 und einigen seiner Derivate. Mber. dt. Akad. Wiss. **6** (1964) S. 148–158.
[13] *Philipp, B.*, und *Dautzenberg, H.*: Kinetische Untersuchungen zur Umsetzung von Aminen mit CS_2 und Carbonylsulfid. Faserforsch. u. Textiltechnik **19** (1968) 1, S. 23–30.
[14] *Philipp, B.*, und *Dautzenberg, H.*: Untersuchungen zum Mechanismus der Umxanthogenierung bei Cellulosexanthogenat. Faserforsch. u. Textiltechnik **17** (1966) 1, S. 1–7.
[15] *Fichte, Ch.*: Kinetische Untersuchungen zur Zersetzung von Xanthogenaten. Dissertation TH Dresden 1959.
[16] *Dräger, M.*, und *Gattow, G.*: Chalkogenokohlensäuren und ihre Anionen. Angew. Chemie **80** (1968) 22, S. 954–965.
[17] *Werner, E.*, und *Konopik, K.*: Das Verhalten von Natriumpolysulfiden an der Quecksilber-Tropfelektrode. I. Mitt.: Natriumdisulfid. Mh. Chemie **83** (1952) S. 599–613.
[18] *Dautzenberg, H.*, *Schumann, J.*, und *Philipp, B.*: Zur Kinetik der Umsetzung von Natriumdisulfid mit CS_2 zu Perthiocarbonat. Faserforsch. u. Textiltechnik **22** (1971) 11, S. 546–548.
[19] *Kolthoff, I. M.*, und *Miller, C. S.*: Anodic waves involving electrooxidation of mercury at the dropping mercury electrode. J. amer. chem. Soc. **63** (1941) S. 1405–1411.
[20] *Philipp, B.*, und *Fichte, Ch.*: Kinetische Untersuchungen zur Zersetzung von Xanthogenaten. Faserforsch. u. Textiltechnik **11** (1960) S. 118–124; S. 172 bis 179.

Eingegangen am 10. Juli 1972

Neue Bücher

Polymer Stabilisation. Hrsgg. von *W. Lincoln Hawkins.* New York/London/Sydney/Toronto: Wiley-Interscience 1972, VIII, 452 S. Lwd. £ 11,75.

In dem von einem Autorenkollektiv verfaßten Buch wird der Leser systematisch an die Probleme der Polymerstabilisierung herangeführt, wobei besonders auf den Einfluß von Umweltfaktoren, die ja zum größten Teil für den Abbau verantwortlich sind, eingegangen wird. Es wird gezeigt, wie die Polymeren durch einen Wechsel des Stabilisators oder durch Einsatz von Stabilisatorsystemen erfolgreich gegen die unterschiedlichsten Abbaureaktionen geschützt werden können.

Das erste Kapitel des Buches gibt einen umfassenden Einblick in Abbaureaktionen durch allgemeine Beschreibung von Faktoren, wie die chemische und physikalische Struktur oder den Kettenmechanismus, sowie thermische oder Strahlungseinflüsse und chemische oder biologische Agentien, die eine Verschlechterung des Polymeren begünstigen. Das Kapitel enthält weiterhin eine Zusammenstellung der relativen Stabilitäten von kommerziellen unstabilisierten Polymeren gegenüber verschiedenen Umwelteinflüssen. Jedes der acht folgenden Kapitel befaßt sich nach einer allgemeinen Einführung speziell mit der Stabilisierung gegen eine besondere Art des Abbaues und enthält jeweils eine umfassende Literaturzusammenstellung. So wird im zweiten Kapitel die Stabilisierung gegen thermische Oxydation ausführlich behandelt, wobei besonders auf die thermische Autoxydation, die Abhängigkeit der oxydativen Stabilität von der Polymerstruktur, die Anwendung von Stabilisatoren gegen thermische Oxydationsvorgänge, den Stabilisierungsmechanismus mit Kettenabbruch durch Antioxydantien sowie den Stabilisierungsmechanismus durch Metallionendesaktivatoren und durch Peroxidabbau, weiterhin auf Stabilisatorkombinationen zum Schutz gegen die thermische Oxydation eingegangen wird. Während sich das vorangegangene Kapitel mit dem oxydativen Abbau im einzelnen befaßte, werden im Kapitel 3 „Thermischer Abbau und Stabilisation" Abbaureaktionen in Abwesenheit von Sauerstoff beschrieben, wobei der Abbau durch unmittelbare Elimination mit und auch ohne Monomerenverlust stattfindet; ferner werden statistische Abbauprozesse umfassend dargelegt. Hierbei wird besonders auf Bindungsenergien, auf thermische Stabilität und Ketteneinheiten, auf Molekularstruktur und Stabilität, auf Vernetzungsvorgänge und thermische Stabilität sowie auf wärmebeständige Polymere, Leiter- und Spiropolymere und pyrolytische Polymere eingegangen. Im Kapitel 4 „Stabilisierung gegen oxydativen Photoabbau" werden der Einfluß von ultravioletter Bestrahlung, der Mechanismus des oxydativen Photoabbaues, allgemeine Methoden zur Stabilisierung durch Lichtabschirmung sowie der photophysikalische Stabilisierungsmechanismus, Kombinationen von Photostabilisatoren und Antioxydantien und die Polymerreinigung und Modifizierung beschrieben. Es werden Fakten berücksichtigt, die abhängig von der Art des herzustellenden Polymerentyps, der Stärke, sowie der Färbung und Verträglichkeit einen Wechsel des Stabilisators notwendig machen. Hierbei wird besonders auf Polyolefine, Polyvinylchloride und Cellulosederivate eingegangen. Am Schluß dieses Kapitels wird auf die Bedeutung der Photostabilisierung und die zukünftigen Einsatzmöglichkeiten verwiesen. Kapitel 5 „Verhütung des Abbaues durch Ozon" behandelt nach einer eingehenden Diskussion der Abbauprozesse durch Ozoneinfluß die Stabilisierung von Polymeren durch physikalische Methoden und durch Antioxydantien sowie in einem besonderen Abschnitt den Reaktionsmechanismus bei der Stabilisierung mit Antioxydantien. Im Kapitel 6 „Schutz gegen ionisierte Strahlung" werden nach einer Einführung in die Definitionen und Einheiten der Strahlenchemie der Strahlenschutz, die Kinetik der Entionisierung von Radikalen und Ionen sowie der Schutz von Polymerlösungen behandelt. Methoden zur Beurteilung der Entionisierung, wie Bestimmung der von Löslichkeit, Elastizitätsmodul, Grenzviskosität, Relaxation und paramagnetische Kernresonanz werden diskutiert. Ausführlich werden Untersuchungsergebnisse über die strukturbedingte Beständigkeit verschiedener Polymerarten beschrieben sowie Methoden zum Schutz gegen Vernetzung und Abbau von Polymeren und Polymerlösungen diskutiert. In den Kapiteln 7, 8 und 9 wird auf die Stabilisierung von Polymeren gegen Verbrennung, gegen chemische Agentien und die biologische Stabilität von Polymeren im einzelnen ausführlich eingegangen. Das letzte Kapitel umfaßt eine kritische Darstellung von Methoden zur Einschätzung der Polymerstabilität und zeigt die Anwendungsmöglichkeiten und Grenzen der verschiedenen Wege. Das Buch vermittelt in einer guten Zusammenstellung einen Überblick über die Grundgedanken der Polymerstabilisierung zum exakten

Erreichen eines Polymerenschutzes. Es wird den auf dem Gebiet der Polymerchemie forschenden Chemikern wertvolle Hinweise und Anregungen bieten und kann ebenfalls den Studierenden der Polymerchemie empfohlen werden; es sollte deshalb in keiner der entsprechenden Fachbibliotheken fehlen. *U. Bartels*

Polyamide Fiber Manufacture. Von *Marshall Sittig.* (Chemical Progress Review Nr. 81.) New Yersey: Noyes Data Corp. 1972. VIII, 262 S. Brosch. $ 36,—.

„Polyamide Fiber Manufacture" ist ein ausführlicher Patentbericht über 225 USA-Patente von 54 Firmen. Obwohl nur in den USA erteilte Patente referiert sind, umfaßt diese Patentübersicht die wichtigsten Verfahren aus aller Welt.

Der Autor beschränkt sich in seinen Darstellungen nicht auf die beiden Polyamidtypen mit den größten Produktionsanteilen, sondern behandelt die vollständige amerikanische Patentliteratur auf dem Polyamidgebiet. Neben der Herstellung der Ausgangsprodukte für Polyamide (Adipinsäure und höhere Dicarbonsäuren, Adiponitril, Diamine, Nylonsalz, Caprolactam und höhere Lactame) werden die Verfahren zur Polymerenherstellung ausführlich behandelt. Die Polycaprolactamprozesse umfassen z. B. die Reaktorkonstruktion, die Entmonomerisierung und die Katalysatoren.

Die Verfahren zur Herstellung von Polyamidfaserstoffen werden unterteilt in Polyamidkompositionen, Schmelzspinnverfahren (auch Vliesherstellung, Profilfäden, Schmelzefiltration, Direktverstreckung) Lösungsspinnen, Reckverfahren usw. Ein kurzer Abschnitt über die Rückgewinnung von Nylonsalz aus Abfallprodukten beschließt die Patentübersicht.

„Polyamide Fiber Manufacture" ist vorwiegend technologisch angelegt. Die den entsprechenden Patenten entnommenen Fließschemata oder technischen Details sind ausführlich und übersichtlich dargestellt und in verständlicher Form erläutert.

Etwas zu kurz dargestellt scheinen die Probleme der Herstellung von Faserstoffen aus Polyamidkompositionen. Das mag aber daran liegen, daß in den USA der Zeitraum zwischen Anmelde- und Erteilungsdatum von Patenten relativ lang ist. Deshalb liegen in anderen Ländern bereits eine Reihe von Patenten vor, die hier noch nicht mit erfaßt werden konnten. Der Wert des Buches wird dadurch aber in keiner Weise gemindert. Beachtlich ist die Leistung von Autor und Verlag, ein Buch, in dem das letzte referierte Patent (USP 3629316) am 12. 12. 1971 erteilt wurde — das erste referierte Patent (USP 2494563) stammt vom 17. 1. 1950 — bereits im ersten Halbjahr 1972 auf den Markt zu bringen.

Dieser 81. Band der Reihe Chemical Progress Review ist eine ausgezeichnete Übersicht über die Patentsituation auf dem gesamten Industriezweig der Polyamidherstellung. *K. Dietrich*

Plastic Foams. Part I. Hrsg. von *K. C. Frisch* und *J. H. Saunders.* (Mongraphs on Plastics. Vol. 1.) New York: Marcel Dekker, Inc. 1972. XII, 450 S. Lwd. $ 36,50.

Die im ersten Kapitel anschaulich dargelegte kontinuierliche Steigerung des Produktionsvolumens von Polymerschäumen ist naturgemäß mit einem exponentiellen Wachstum wissenschaftlicher, technologischer und anwendungstechnischer Kenntnisse auf diesem Gebiet verbunden, deren zusammenfassende Darstellung das Anliegen der Herausgeber ist. Im vorliegenden Band werden neben allgemeinen wissenschaftlichen Grundlagen spezielle Aspekte der Herstellung spezifischer Kunststoffschäume und deren Charakterisierung beschrieben.

Der einführende Abschnitt vermittelt einen kurzen Überblick über die historische und sich künftig abzeichnende Entwicklung der technischen Herstellung von Polymerschäumen und enthält weiterhin Angaben über den bisherigen sowie den bis 1980 geschätzten Produktionsumfang dieser Materialien und die Entwicklung spezifischer Einsatzgebiete. Es folgt ein Kapitel über den Mechanismus der Schaumbildung, in dem zunächst die allgemeinen Gesetzmäßigkeiten erörtert und dann deren Anwendung auf spezielle Polymere diskutiert werden. In den nächsten fünf Beiträgen werden Fragen der Herstellung und Eigenschaften von Ausgangsmaterialien sowie die technologischen Prozesse der Gewinnung von Polyurethan-, Kautschuk-, Polyolefin-, Polyvinylchlorid- und Siliconschäumen behandelt, die Eigenschaften der verschiedenen Produkte beschrieben und ihre Einsatzgebiete genannt. Den Abschluß bildet eine hauptsächlich auf ASTM-Standards basierende ausführliche Zusammenstellung der Prüfverfahren für die Bestimmung der Porenstruktur, der mechanischen, akustischen, elektrischen und thermischen Eigenschaften, der Alterungsbeständigkeit und der Flammfestigkeit.

Neben der Summierung einer Vielzahl von Fakten ist es den Autoren der einzelnen Beiträge (*K. C. Frisch*; *J. H. Saunders* und *R. H. Hansen*; *G. T. Gmitter*, *H. J. Fabris* und *E. M. Maxey*; *R. L. Zimmermann* und *H. R. Bailey*; *D. Sundquist*; *A. C. Werner*; *H. L. Vincent*; *R. A. Stengard*) in ausgezeichneter Weise gelungen, innerhalb der behandelten Komplexe zusammenfassende Kenntnisse zu vermitteln, die dem interessierten Leser relativ leicht den Weg ins Detail eröffnen. So wird dieser Band auch über den Kreis der Fachleute auf dem Gebiet der Kunststoffschäume hinaus interessierte Leser finden. *W. Jaeger*

Meßergebnisse und ihre Auswertung. Eine Anleitung zum praktischen naturwissenschaftlichen Arbeiten. Von *G. L. Squires.* (De Gruyter Lehrbuch.) Berlin/New York: De Gruyter 1971. 240 S. Brosch. DM 29,—.

Der Untertitel dieses Buches spiegelt das Anliegen des Autors wider, dem Studierenden für seine Arbeit eine Hilfe bei der Erfassung und Auswertung von Meßdaten in die Hand zu geben. In den drei Teilen der Darstellung wird dem Leser Grundlegendes über die statistische Behandlung von Meßdaten (Teil I), über ausgewählte experimentelle Methoden (Teil II) sowie über die Protokollführung und Berechnungen (Teil III) vermittelt. Dabei steht nicht die Übermittlung theoretischer Kenntnisse im Vordergrund, sondern vielmehr die handwerklich praktische Seite bei der Durchführung der Experimente und die rationelle Verarbeitung und Darstellung der Meßergebnisse. Die jedem Kapitel angefügten Übungen ermöglichen dem Leser, seine erworbenen Kenntnisse zu prüfen, so daß er kritischer seiner künftigen Arbeit gegenüberstehen kann. *E. Schulz*

Zahlen und Einheiten der Physik. Ein Programm zum Selbstunterricht. Von *Robert A. Carman.* (De Gruyter Lehrbuch.) Berlin/New York: De Gruyter 1972. VII, 228 S. Brosch. DM 19,50.

Zum besseren Verständnis der Natur- und Ingenieurwissenschaften ist es notwendig, die Zahlen und Einheiten der Physik und speziell ihren Zusammenhang zu verstehen. Für alle in diesen Richtungen interessierten Leser ermöglicht das vorliegende Buch, ihre Kenntnisse auf einfache und verständliche Weise aufzufrischen und zu vervollkommnen. Dieses Buch ist als Ergänzung zu den üblichen Lehrbüchern gedacht und eignet sich besonders zum Selbststudium, da es in einer programmierten Form geschrieben ist. Der anhand von Beispielen und Aufgaben vermittelte Stoff gibt Studenten aller naturwissenschaftlichen Zweige eine nützliche Einführung und Anleitung zur quantitativen Arbeit. Bei der Durchsicht des Buches fiel neben der vielleicht etwas zu ausführlich gewählten Behandlung der mathematischen Grundlagen die Zusammenstellung von Tabellen der Einheitenumwandlung im Anhang B auf, die für alle Leser von großem Nutzen sein kann. *E. Schulz*

Lexique Allemand-Français de Rhéologie — Deutsch-Französisches Lexikon für Rheologie. Von *M. Voituriez.* Paris: Éditions Matchimie. 1972, 20 S. brosch. F. 8,—.

Diese Schrift enthält auf 13 Seiten insgesamt etwa 100 Begriffe aus dem Gebiet der Rheologie.

Die einzelnen Seiten sind jeweils in drei Spalten unterteilt, wobei die deutschen Fachwörter in alphabetischer Reihenfolge in der ersten, die entsprechenden französischen Fachwörter nebenstehend in der zweiten Spalte angeordnet sind.

Die dritte Spalte ist unbedruckt und gedacht für Eintragungen, Ergänzungen usw. durch den Leser.

Bei den Substantiven ist vermerkt, welchen Artikel sie jeweils verlangen; außerdem sind die Adjektive wie auch das eine Verb als solche gekennzeichnet.

Im Hinblick auf den Umfang des Gebietes der Rheologie einerseits und den Wortumfang dieser Schrift andererseits klingt die im Titel benutzte Bezeichnung „Lexikon" optimistisch. Die Herausgabe des Wörterbüchleins ist dennoch sehr zu begrüßen, da hiermit ein Anfang gemacht wird. Die Zweckbestimmung der Schrift dürfte mehr auf dem handelstechnischen Sektor liegen, wo sie den Anforderungen von Technikern und technischen Kaufleuten auch durchaus gerecht werden wird. Um zu einem umfassenden Wörterbuch bzw. Lexikon der Rheologie zu kommen, müßte der Umfang wesentlich erweitert werden unter Einfügung von kurzen Hinweisen zur physikalischen Bedeutung bzw. von Definitionen der einzelnen Begriffe und vor allem unter zusätzlicher Aufnahme der entsprechenden Fachbegriffe und -wörter aus der russischen und der englischen Sprache.

Die im Vorwort vertretene Ansicht des Autors, deutsch und französisch seien die vorherrschenden Sprachen auf dem europäischen Kontinent, kann nicht unwidersprochen bleiben. So sind insbesondere von sowjetischen Wissenschaftlern in den vergangenen zehn Jahren eine große Anzahl grundlegender rheologischer Arbeiten publiziert worden. Abschließend sei noch einmal festgestellt: Mit dieser Publikation ist ein begrüßenswerter Anfang gemacht worden, zu wünschen ist eine Erweiterung des Wortschatzes und die Aufnahme auch der russischen und englischen Fachbegriffe. *K. Wulf*

Patentschau

Auszug aus der Lieferung 7/8/1972 der Patentschau „Faserstoffe und Textiltechnik", Ausgabe A: Faserstoffe einschl. Kunststoffe und organ. Grundsubstanzen, zusammengestellt von der Abteilung Information und Dokumentation des Instituts für Polymerenchemie der AW der DDR, 153 Teltow-Seehof, Kantstr. 55

Die Patentschau ist nach der Internationalen Patentklassifikation (IPC) gegliedert. Es bedeuten: DLP = DDR-Patent; DTP = Deutsches Bundespatent; DTA = (West)Deutsche Auslegeschrift; DTO = (West)Deutsche Offenlegungsschrift; OEP = Oesterreichisches Patent; POP = Polnisches Patent; CHP = Schweizer Patent; FRP = Französisches Patent; GBP = Britisches Patent; JAP = Japanisches Patent; SWP = Schwedisches Patent; SUP = Sowjetisches Patent; CSP = Tschechoslowakisches Patent; USP = Amerikanisches Patent; A = Anmeldedatum, O bzw. B. = Tag der Ausgabe der Patent-, Offenlegungs- bzw. Auslegeschrift.

Sektion B, Arbeitsverfahren

B 65, Fördern, Packen, Lagern; Handhaben dünner oder fadenförmiger Werkstoffe

B 65h, Behandeln von dünnen oder fadenförmigem Gut, z. B. Folien, Gewebe, Kabel

DTO 1574383. Vorrichtung zum gleichzeitigen Aufwickeln von mindestens zwei Fäden, Seilen oder dgl. Erf. nicht genannt. Anm.: *Norbert Kalle*, 4350 Recklinghausen (DT). A. 3. 1. 67, B. 15. 7. 71. Kl.: 47k, 5/02, Int. Kl.: B 65h 54/02. A.-Z.: P 1574383.

Sektion C, Chemie und Metallurgie

CHEMIE

C 01, Anorganische Chemie

CHP 517663. Verfahren zur Erhöhung der Dehnbarkeit von Kohlenstoff-Fasern und Verwendung derselben. Erf.: *Emmanuel de Lamotte* u. *Anthony James Perry*. Inh.: Aktiengesellschaft Brown Boveri & Cie., Baden. A. 7. 1. 70. Int. Kl.: C 01b 31/07, C 08k 1/02. A.-Z.: 97/70.

GBP 1257481. Verfahren zur Herstellung von Kohlenstoff-Fasern. Inh.: Rolls-Royce Ltd. A. 19. 4. 68, B. 22. 12. 71. Kl.: C1.A, Int. Kl.: C 01b 31/07. A.-Z.: 18617/68. Entspr. CHP 516478.

C 03, Glas; Mineral- und Schlackenwolle

C 03b. Herstellung, Formgebung und Nachbehandlungsverfahren

SUP 320458 (Urheberschein). Verfahren zur Herstellung von endlosen Glasfäden. Erf.: *V. I. Čistov* u. *M. D. Chodakovskij*. A. 12. 5. 70, B. 4. 11. 71. Int. Kl.: C 03b 37/02. A.-Z.: 1435826/29–33.

SUP 320459 (Urheberschein). Vorrichtung zur Herstellung von Mineralwolle. Erf.: *G. F. Tobol'skij*. Anm.: Ural'skij naučno-issledovatel'skij i proektnyij Institut stroitel'nych Materialov. A. 3. 6. 68, B. 4. 11. 71. Int. Kl.: C 03b 37/06. A.-Z.: 1247136/29–33.

C 03c. Chemische Zusammensetzung von Gläsern, Glasuren oder Emails; Oberflächenbehandlung von Glas; Verbinden von Glas mit Glas oder anderen Stoffen

SUP 319560 (Urheberschein). Vorrichtung zur Säurebehandlung von Glasfaserstoff. Erf.: *V. M. Vasnecov, A. N. Gomon, L. M. Dubinskij, N. F. Olejnikov, I. E. Parchomenko, Ju. A. Pisarev, V. V. Tkačenko, V. B. Libušic, A. A. Afonskij, V. N. Balašov, Ju. P. Man'ko* u. *A. A. Ostrovskij*. A. 22. 12. 69, B. 2. 11. 71. Int. Kl.: C 03c 25/06. A.-Z.: 1388477/29–33.

C 07. Organische Chemie

C 07c, Acyclische und carbocyclische Verbindungen

GBP 1256595. Herstellung von Acrylsäure. Inh.: BP Chemicals Ltd. A. 24. 6. 69, B. 8. 12. 71. Kl.: C2.C, Int. Kl.: C 07c 57/04. A.-Z.: 31775/69. Entspr. FRP 2051197.

SUP 319585 (Urheberschein). Verfahren zur Abtrennung von Terephthalsäure. Erf.: *E. G. Vendel'štejn, V. I. Petrov, K. S. Stepanova* u. *V. S. Chajlov*. A. 13. 7. 70, B. 2. 11. 71. Int. Kl.: C 07c 63/26, 51/42. A.-Z.: 1454612/23–4.

JAP 7105143. Bis(ω-hydroxyalkyl)ester. Erf.: *Hidehiko Kobayashi, Kiichiro Sasaguri* u. *Akira Kawamoto*. Inh.: Asahi Chem cal Industry Co. Ltd. A. 17. 10. 67, B. 8. 2. 71. Int. Kl.: C 07c, B 01j, C 08g.

C 07d. Heterocyclische Verbindungen

DTO 1695761. Verfahren zur Herstellung von Laktam. Erf. u. Anm.: *Günter Soder*, 7801 Vörstetten (DT). A. 18. 8. 67, B. 8. 7. 71. Kl.: 12p, 5, Int. Kl.: C 07d. A.-Z.: P 1695761.

SUP 320491 (Urheberschein). Verfahren zur Herstellung von Caprolactam. Erf.: *P. I. Ageev, F. G. Kokoulin, B. A. Valovoj, A. N. Klimenko, T. G. Čeremisinova, A. K. Stavcov, N. I. Derevjakin, I. A. Zadoroznyi, V. D. Tichomirov, V. S. Mojsjuk* u. *P. A. Lupanov*. A. 11. 12. 68, B. 4. 11. 71. Int. Kl.: C 07d 41/06. A.-Z.: 1288314/23-4.

C 08. Makromolekulare Verbindungen; ihre Herstellung und chemische Verarbeitung; auf diesen Verbindungen beruhende Gemische

C 08b. Polysaccharide und deren Derivate

SUP 321522 (Urheberschein). Verfahren zur Modifizierung von Cellulose Erf.: *S. A. Alekseev* u. *L. I. Jurčenko*, A. 24. 9. 66, B. 19. 11. 71. Int. Kl.: C 08b 5/00, D 06m 13/44. A.-Z.: 1104564/23-5.

GBP 1256790. Verfahren zur Herstellung von Viskose. Inh.: OY. Keskuslaboratorio-Centrallaboratorium AB. A. 15. 5. 69, B. 15. 12. 71. Kl.: C3.A. Int. Kl.: C 08b 9/00. A.-Z.: 24901/69. Prior.: 24. 5. 68, 17. 7. 68 (FI; A.-Z.: 1466, 2036). Entspr. OEP 293438, FRP 2009286 u. USP 3600379.

C 08d. Synthesekautschuk

SUP 319609 (Urheberschein). Verfahren zur Erhöhung der Bindefestigkeit von Viskose- und Polyamidmaterialien an Gummi. Erf.: *B. A. Dogadkin, I. A. Tutorskij, E. E. Potapov, A. G. Švarc, V. G. Frolikova, T. G. Samojlenko, N. L. Garetovskaja, L. Ja. Kaplunova, L. N. Kurdin, V. A. Žurov, I. E. Lagover* u. *L. P. Čerlenjak*, Anm.: Moskovskij Institut tonkoj chimičeskoj Technologii Im. M. V. Lomonosova. A. 8. 8. 69, B. 2. 11. 71. Int. Kl.: C 08d 13/16. A.-Z.: 1356348/23-5.

C 08f. Polymerisationsprodukte

DTO 1720524. Verfahren zur kontinuierlichen Polymerisation und Copolymerisation in Emulsion von Vinyliden-, Vinyl- und/oder Acrylverbindungen. Erf.: *Robert Büning* u. *Heinz Dießel*. Anm.: Dynamit Nobel AG, 5210 Troisdorf (DT). A. 20. 12. 67, B. 8. 7. 71. Kl.: 39b4, 1/13, Int. Kl.: C 08f 1/13. A.-Z.: P 1720524. Entspr. OEP 286628, CHP 510066, FRP 1602434, GBP 1227477 u. USP 3560454.

DTO 1745167. Verfahren zum Reinigen von Olefinpolymeren oder -copolymeren. Erf.: *Giovanni di Drusco* u. *Paolo Galli*. Anm.: Montecatini Edison S.p.A., Mailand (IT). A. 17. 1. 68, B. 5. 8. 71. Kl.: 39b4, 3/02, Int. Kl.: C 08f 3/02. A.-Z.: P 1745167. Prior.: 18. 1. 67 (IT; A.-Z.: 11612 A/67). Entspr. FRP 1551506 u. GBP 1141783.

GBP 1257106. Vinylchloridpolymer-Emulsionen. Inh.: Imperial Chemical Industries Ltd. A. 23. 4. 69, B. 15. 12. 71. Kl.: C3.P, Int. Kl.: C 08f 1/88. A.-Z.: 20805/69. Entspr. DTO 2019833 u. FRP 2039391.

JAP 7108988. Katalysator zur Polymerisation von Methylmethacrylat. Erf.: *Akio Takahashi*, u. *Ryokichi Tarao*. Inh.: Chisso Corp. A. 12. 9. 67, B. 6. 3. 71. Int. Kl.: C 08f, B 01j.

DTO 1720429. Verfahren zum Polymerisieren von Acrylnitril. Erf.: *Sergio Lo Monaco* u. *Luigi Patron*. Anm.: Chatillon S. A. Italiana per le Fibre *Tessili* Artificiali S.p.A., Mailand (IT). A. 16. 1. 68, B. 8. 7. 71. Kl.: 39b4, 3/76, Int. Kl.: C 08f 3/76. A.-Z.: P 1720429. Prior.: 17. 1. 67 (IT; A.-Z.: 11559 A/67). Entspr. CHP 492742, FRP 1551553 u. USP 3565877.

DTO 1720714. Verfahren zur Herstellung von Polyvinylesterdispersionen. Erf.: *Werner Ehmann* u. *Werner Schmieder*. Anm.: Farbwerke Hoechst AG vorm. Meister Lucius & Brüning, 6000 Frankfurt (DT). A. 21. 9. 67, B. 8. 7. 71. Kl.: 39b4, 3/54, Int. Kl.: C 08f 3/54. A.-Z.: P 1720714. Entspr. GBP 1237735.

DTO 1720786. Verfahren zur Polymerisation von α-Olefinen. Erf.: *Kurt Rust*, u. *Bernd Diedrich*. Anm.: Farbwerke Hoechst AG vorm. Meister Lucius & Brüning, 6000 Frankfurt (DT). A. 17. 2. 68, B. 22. 7. 71. Kl.: 39b4, 3/02, Int. Kl.: C 08f 3/02. A.-Z.: P 1720786. Entspr. FRP 2002119 u. GBP 1252782.

DTO 1720806. Verfahren zur kontinuierlichen Lösungspolymerisation von Vinylestern. Erf.: *Wilfried Eichhorn, Gerhard Roh* u. *Peter Seibel*. Anm.: Farbwerke Hoechst AG vorm. Meister Lucius & Brüning, 6000 Frankfurt (DT). A. 19. 3. 68, B. 22. 7. 71. Kl.: 39b4, 3/54, Int. Kl.: C 08f 3/54. A.-Z.: P 1720806. Entspr. CHP 512525, FRP 2004240, GBP 1224113 u. USP 3607852.

DTO 1720983. Verfahren zur Polymerisation von Äthylen. Erf.: *Karl-Heinz Imhausen*. Anm.: Imhico AG, Zürich (CH). A. 2. 8. 67, B. 29. 7. 71. Kl.: 39b4, 3/04, Int. Kl.: C 08f 3/04. A.-Z.: P 1720983. Entspr. GBP 1213416.

DTO 2000501. Verfahren zur Polymerisation von Vinyl- und Vinylidenverbindungen. Erf.: *Erich Gulbins, Alfred Hauß, Friedrich Kieferle* u. *Jenoe Kovacs*. Anm.: Badische Anilin- & Soda-Fabrik AG, 6700 Ludwigshafen (DT). A. 7. 1. 70, B. 15. 7. 71. Kl.: 39b4, 3/02, Int. Kl.: C 08f 3/02. A.-Z.: P 2000501. Entspr. FRP 2074405.

GBP 1257105. Emulsionspolymerisation von Vinylchlorid. Inh.: Imperial Chemical Industries Ltd. A. 23. 4. 69, B. 15. 12. 71, Kl.: C3.P, Int. Kl.: C 08f 3/30. A.-Z.: 20804/69. Entspr. DTO 2019832 u. FRP 2046351.

JAP 7109352. Polymerisation von Acrylnitril in festem Zustand. Erf.: *Chihiro Ohizumi* u. *Yoneho Tabata*. A. 20. 12. 68, B. 9. 3. 71. Int. Kl.: C 08f.

JAP 7111031. Fluorhaltige Polymere. Erf.: *Kenichi Fukui*, *Tsutomu Kiagai* u. *Hisao Yokota*. Inh.: Sumitomo Chemical Co. Ltd. A. 13. 8. 66, B. 20. 3. 71. Int. Kl.: C 08f.

CSP 143727 Zus. z. Pat. 140582. Verfahren zur Polymerisation von α-Olefinen. Erf.: *Rostislav Vilim* u. *Hana Cidlová*. A. 31. 7. 68, B. 18. 6. 71. Kl.: 39c, 25/01, Int. Kl.: C 08f 3/14. A.-Z.: 5543/68.

SUP 319610 (Urheberschein). Verfahren zur Herstellung von Polymethylen. Erf.: *M. G. Krakovjak*, *E. V. Anufrieva*, *V. A. Samokiš* u. *S. S. Skorochodov*. Anm.: Institut vysokomolekuljarnych Soedinenij AN SSSR. A. 14. 2. 70, B. 2. 11. 71. Int. Kl.: 0 08f 3/04, 3/02. A.-Z.: 1403581/23-5.

GBP 1256347. Mehr als maximal vorbelüftete Kohlenwasserstoffe. Inh.: Marathon Oil Co. A. 2. 6. 70, B. 8. 12. 71. Kl.: C5.E, Int. Kl.: C 07c 11/00, C 07f 9/32. A.-Z.: 26576/70.

DTO 1720747. Isocyanatgruppen enthaltende Telomerisate und Verfahren zu ihrer Herstellung. Erf.: *Kuno Wagner* u. *Wulf von Bonin*. Anm.: Farbenfabriken Bayer AG, 5090 Leverkusen (DT). A. 9. 11. 67, B. 8. 7. 71. Kl.: 39b4, 13/00, Int. Kl.: C 08f. A.-Z.: P 1720747. Entspr. FRP 1593137.

JAP 7110865. Olefin-Copolymere. Erf.: *Harumi Asai* u. *Hisataka Komai*. Inh.: Japanese Geon Co. Ltd. A. 27. 1. 65, B. 19. 3. 71. Int. Kl.: C 08f, B 01j.

DTO 1720756. Verfahren zur Herstellung von unvernetzten Terpolymerisaten. Erf.: *Johannes Brandrup*. Anm.: Bunawerke Hüls GmbH, 4370 Marl (DT). A. 2. 12. 67, B. 15. 7. 71. Kl.: 39b4, 15/40, Int. Kl.: C 08f 15/40. A.-Z.: P 1720756. Entspr. DLP 75780, FRP 1595891 u. GBP 1236759.

DTO 1745152. Copolymere und Verfahren zu ihrer Herstellung. Erf.: *Alberto Valvassori* u. *Nazzareno Cameli*. Anm.: Montecatini Edison S.p.A., Mailand (IT). A. 28. 11. 67, B. 5. 8. 71. Kl.: 39b4, 15/40, Int. Kl.: C 08f 15/40. A.-Z.: P 1745152. Prior.: 30. 11. 66 (IT; A.-Z.: 30558 A/66). Entspr. FRP 1561149 u. USP 3590023.

JAP 7103790. Vinylchlorid/Äthylen-Copolymere. Erf.: *Kosaku Kamio*, *Tatsuro Tadasa* u. *Tomio Hakozaki*. Inh.: Japan Carbide Industries Co., Inc. A. 29. 6. 67, B. 29. 1. 71. Int.: Kl.: C 08f.

JAP 7104389. Emulsionspolymerisation von Vinylacetat und Äthylen. Erf.: *Higashi Tsunemi* u. *Yoshimi Akamatsu*. Inh.: Japan Synthetic Chemical Industry Co. Ltd. A. 27. 5. 68, B. 3. 2. 71. Int. Kl.: C 08f.

DTO 1720745. Mischpolymerisate des Äthylens und Verfahren zu ihrer Herstellung. Erf.: *Herbert Bestian*, *Eduard Kaiser* u. *Horst Schnabel*. Anm. Farbwerke Hoechst AG vorm. Meister Lucius & Brüning, 6000 Frankfurt (DT). A. 4. 11. 67, B. 15. 7. 71. Kl.: 39b4, 19/00, Int. Kl.: C 08f 19/00. A.-Z.: P 1720745. Entspr. FRP 1590504 u. GBP 1243245.

DTO 2062621. Verfahren zur Herstellung elastomerer Blockmischpolymerisate. Erf.: *Bernard Cornelis Roest* u. *Herman Augustinus Schepers*. Anm.: Stamicarbon N. N., Heerlen (NL). A. 18. 12. 70, B. 15. 7. 71. Kl.: 39b4, 19/06, Int. Kl.: C 08f 19/06. A.-Z.: P 2062621. Prior.: 19. 12. 69 (NL; A.-Z.: 6919054). Entspr. FRP 2074091.

JAP 7103787. Copolymere von Styrol und Acrylnitril. Erf.: *Akihiko Kishimoto*, *Takehiko Okamoto* u. *Shoichi Inoue*. Inh.: Toyo Rayon Co. Ltd. A. 22. 5. 67, B. 29. 1. 71. Int. Kl.: C 08f.

JAP 7109348. Vinylfluorid-Copolymere. Erf.: *Bunkichi Tatsuya*, *Atsuo Tanaka* u. *Kunio Yamashita*. Inh.: Electro Chemical Industry Co. Ltd. A. 17. 2. 69, B. 9. 3. 71. Int. Kl.: C 08f, B 01j.

DTO 1720709. Verfahren zur kontinuierlichen Herstellung von Polyvinylalkohol. Erf.: *Helmut Gerstenberg*, *Peter Solbach*, *Wilhelm Müller*, *Peter Seibel* u. *Hajo Eilers*. Anm.: Farbwerke Hoechst AG vorm. Meister Lucius & Brüning, 6000 Frankfurt (DT). A. 9. 9. 67, B. 8. 7. 71. Kl.: 39b4, 27/16, Int. Kl.: C 08f. A.-Z.: P 1720709. Entspr. FRP 1577948 u. GBP 1168757.

DTO 1720737. Darstellung von basischen Polymerisaten. Erf.: *Claus Beermann*, *Horst Schnabel* u. *Dieter Ulmschneider*. Anm.: Farbwerke Hoechst AG vorm. Meister Lucius & Brüning, 6000 Frankfurt (DT). A. 20. 10. 67. B. 8. 7. 71. Kl.: 39b4, 27/14, Int. Kl.: C 08f. A.-Z.: P 1720737. Entspr. FRP 1587554, GBP 1239787 u. USP 3558581.

DTO 1720773. Polyamid-gepfropfte Copolymerisate. Erf.: *Hugo Vernaleken*, *Georg Malamet*, *Ludwig Bottenbruch*, *Heinrich Krimm* u. *Hermann Schnell*. Anm.: Farbenfabriken Bayer AG, 5090 Leverkusen, A. 4. 1. 68, B. 15. 7. 71. Kl.: 39b4, 27/00, Int. Kl.: C 08f 27/00. A.-Z.: P 1720773. Entspr. FRP 2000023, GBP 1216971 u. USP 3553285.

DTO 1745083. Verfahren zur Halogenierung von Vinylpolymeren. Erf.: *Roberto Rettore* u. *Giorgio Gatta*. Anm.: Montecatini Edison S.p.A., Mailand (IT). A. 15. 2. 67, B. 5. 8. 71. Kl.: 39b4, 27/02, Int. Kl.: C 08f 27/02. A.-Z.: P 1745083. Prior.: 16. 2. 66 (IT; A.-Z.: 14558). Entspr. DLP 61349 u. OEP 288692.

GBP 1257592. Organische Peroxide. Inh.: Montecatini Edison S.p.A. A. 27. 5. 70, B. 22. 12. 71. Kl.: C2.C, Int. Kl.: C 07c 73/00, C 07d 5/16, C 08f 27/00. A.-Z.: 25465/70. Prior.: 29. 7. 69 (IT; A.-Z.: 20222). Entspr. FRP 2056211.

DTO 1694233. Stabilisierte Lösungen von Acrylnitril-Vinylidenchlorid-Copolymerisaten. Erf.: *Carlhans Süling*, *Heino Logemann*, *Dieter Kramer*, *Heinz Rachwalsky* u. *Herbert Marzolph*. Anm.: Farbenfabriken Bayer AG, 5090 Leverkusen (DT). A. 15. 12. 67, B. 29. 7. 71. Kl.: 39b4, 29/54, Int. Kl.: C 08f 29/54. A.-Z.: P 1694233. Entspr. DLP 71363, OEP 292182, CHP 504485, FRP 1597848 u. GBP 1189078.

DTO 1694555. Verfahren zum Stabilisieren von Vinylharzen. Erf. u. Anm.: *Carlos Sena Lazcano*, Las Arenas, Viscaya (SP). A. 20. 7. 66, B. 15. 7. 71. Kl. 39b4, 29/18, Int. Kl.: C 08f 29/18, A.-Z.: P 1694555. Prior,: 24. 7. 65 (SP; A.-Z.: 315793). Entspr. OEP 278371 u. FRP 1539625.

DTO 1769554. Verfahren zur Herstellung anfärbbarer Formmassen, insbesondere textiler Fäden, aus Polypropylen. Erf.: *Wolfgang Langhauser* u. *Friedrich Cohwinkel*. Anm.: Vickers-Zimmer AG Planung und Bau von Industrieanlagen, 6000 Frankfurt (DT). A. 8. 6. 68, B. 5. 8. 71. Kl.: 39b4, 29/02, Int. Kl.: C 08f 29/02. A.-Z.: P 1769554. Entspr. GBP 1197277.

GBP 1256075. Durch schwefelhaltige Carbonsäureester stabilisierte Polyolefinkompositionen. Inh.: Imperial Chemical Industries Ltd. A. 11. 4. 68, B. 8. 12. 71. Kl.: C3.P, Int. Kl.: C 08f 45/58, C 07c 149/20. A.-Z.: 17543/68. Entspr. FRP 2006102.

C 08g. Polykondensations- und Polyadditionsprodukte

DTO 1720777. Verfahren zur Herstellung von Pfropfcopolymeren aus Polyacetalen. Erf.: *Hans Dieter Hermann* u. *Karlheinz Burg*. Anm.: Farbwerke Hoechst AG vorm. Meister Lucius & Brüning, 6000 Frankfurt (DT). A. 27. 1. 68, B. 22. 7. 71, Kl.: 39b5, 1/22, Int. Kl.: C 08g 1/22. A.-Z. P 1720777. Entspr. FRP 2000866 u. GBP 1224425.

JAP 7111197. Methylenchinonpolymere. Erf.: *Hidehiko Kobayashi*, *Hiroshi Oohama* u. *Shinichi Izawa*. Inh.: Asahi Chemical Industry Co. Ltd. A. 16. 5. 67, B. 22. 3. 71. Int. Kl.: C 08g, C 07c.

DTO 1720426. Verfahren zur Herstellung von Beschleuniger enthaltenden ungesättigten Polyestern. Erf.: *Johann Reese* u. *Hermann Hotze*. Anm.: Chemische Werke Albert, 6202 Wiesbaden-Biebrich (DT). A. 20. 12. 67, B. 8. 7. 71. Kl.: 39b5, 17/01, Int. Kl.: C 08g 17/01. A.-Z.: P 1720426. Entspr. OEP 285174, FRP 95775 u. GBP 1238904.

DTO 1720723. Thermoplastische Formmassen aus Polyestern. Erf.: *Ludwig Brinkmann* u. *Helmut Fröhlich*. Anm.: Farbwerke Hoechst AG vorm. Meister Lucius & Brüning, 6000 Frankfurt (DT). A. 7. 10. 67, B. 8. 7. 71. Kl.: 39b5, 17/14, Int. Kl.: C 08g 17/14. A.-Z.: P 1720723. Entspr. CHP 515948 u. FRP 1584910.

DTO 2102798. Verfahren zum chemischen Modifizieren von fadenbildenden Polyestern und ihre Verwendung. Erf.: *Eenje Molenaar*. Anm.: Akzo NV. Arnhem (NL). A. 21. 1. 71, B. 5. 8. 71. Kl.: 39b5, 17/14, Int. Kl.: C 08g 17/14. A.-Z.: P 2102798. Prior.: 24. 1. 70 (NL; A.-Z.: 7001022). Entspr. FRP 2077307.

GBP 1257638. Polyester aus polymerisierbarem Lacton. Inh.: Laporte Industries Ltd. A. 20. 11. 68, B. 22. 12. 71. Kl.: C3.R, Int. Kl.: C 08g 17/017, C 08f 21/00. A.-Z.: 55163/68. Entspr. DTO 1958211.

JAP 7106432. Katalysator zur Herstellung von Polyäthylenterephthalat. Erf.: *Takuo Toda*, *Masanao Ehara* u. *Kyoichi Mizuguchi*. Inh.: Toyo Spinning Co. Ltd. A. 14. 6. 66, B. 18. 2. 71. Int. Kl.: C 08g, D 01f.

JAP 7111198. Hochmolekulare Polyester. Erf.: *Kan Watanabe*, *Kiyoki Natsui*, *Norishige Kato* u. *Shingo Sasagi*. Inh.: Japan Ester Co. Ltd. A. 24. 7. 67, B. 22. 3. 71. Int. Kl.: C 08g, C 07c.

SUP 320509 (Urheberschein). Verfahren zur Herstellung von Polyestern. Erf.: *R. S. Barštejn*, *P. Z. Li*, *L. D. Percov*, *N. I. Kucenko* u. *V. A. Popov*. A. 12. 11. 69, B. 4. 11. 71. Int. Kl.: C 08g 17/14. A.-Z.: 1377404/23-5 (unter Einbeziehung der Anm. 311930).

DLP 85440. Verfahren zum Stabilisieren von Polyamiden. Erf. u. Inh.: *Erika Hannes*, *Gerhard Holy* u. *Wilfried Schultheis*. A. 4. 12. 69, B. 20, 10. 71. Kl.: 39b5, 20/02, Int. Kl.: C 08g. A.-Z.: WP 39b5/144096.

DTO 1720805. Hochmolekulare aromatische Polyamide und Verfahren zu ihrer Herstellung. Erf.: *Günter Lornze* u. *Günther Nischk*. Anm.: Farbenfabriken Bayer AG, 5090 Leverkusen (DT). A. 15. 3. 68, B. 22. 7. 71. Kl.: 39b5, 20/04, Int. Kl.: C 08g 20/04. A.-Z.: P 1720805. Entspr. FRP 2004034.

DTO 2103004. Verfahren zur anionischen katalytischen Polymerisation von Lactamen. Erf.: *Jozef Lambertus Maria van der Joos*, u. *Peter Joseph Maria Wilhelmus Claassen*. Anm.: Stamicarbon N. V., Heerlen (NL). A. 22. 1. 71, B. 5. 8. 71. Kl.: 39b5, 20/18, Int. Kl.: C 08g 20/18. A.-Z.: P 2103004. Prior.: 24. 1. 70 (NL; A.-Z.: 7001021).

SUP 319618 (Urheberschein). Verfahren zur Stabilisierung von Polypyromellithimiden. Erf.: *S. R. Rafikov*, *I. A. Archipova* u. *N. I. Buketova*. Anm.: Institut chimičeskich Nauk AN Kazachskoj SSR. A. 30. 10. 68, B. 2. 11. 71. Int. Kl.: C 08g 20/32. A.-Z.: 1280845/23-5.

DTO 1720759. Elastische Formmassen aus Polyacetalen. Erf.: *Karl-Heinz Häfner* u. *Harald Cherdron*. Anm.: Farbwerke Hoechst AG vorm. Meister Lucius & Brüning, 6000 Frankfurt (DT). A. 8. 12. 67, B. 15. 7. 71. Kl.: 39b5, 22/02, Int. Kl.: C 08g 22/02. A.-Z.: P 1720759. Entspr. FRP 1594962 u. GBP 1248068.

JAP 7107954. Stabile Polyurethanlösungen. Erf.: *Hiroshi Ono*, *Kotaro Watabe* u. *Katsuo Saito*. Inh.: Toyo Spinning Co. Ltd. A. 13. 1. 67, B. 27. 2. 71. Int. Kl.: C 08g, D 01f.

DTO 1720771. Acrylnitrilpfropfpolymerisate. Erf.: *Helmut Engelhard*, *Francis Bentz*, *Heinrich Rinkler* u. *Günther Mischk*. Anm.: Farbenfabriken Bayer AG, 5090 Leverkusen (DT). A. 4. 1. 68, B. 15. 7. 71. Kl.: 39b5, 23/20, Int. Kl.: C 08g 23/20. A.-Z.: P 1720771. Entspr. OEP 288695, CHP 504484, FRP 2000022 u. GBP 1206000.

GBP 1257928. Ester und ihre Verwendung als Textilhilfsmittel. Inh.: Emery Industries Inc. A. 28. 11. 68, B. 22. 12. 71. Kl.: C2.C, Int. Kl.: C 07c 69/66, 93/16, C 08g 23/22. A.-Z.: 56627/68.

JAP 7114266. Thermoplastische Polyätherester. Erf.: *Sachio Nishimura*, *Naoaki Hashi* u. *Nei Nakamura*. Inh.: Asahi Electro-Chemical Co. Ltd. A. 28. 3. 66, B. 16. 4. 71. Int. Kl.: C 08g.

SUP 321526 (Urheberschein). Verfahren zur Herstellung thermisch beständiger Polymerer. Erf.: *V. S. Afanas'eva* u. *Ju. K. Petroaško*. A. 14. 7. 69, B. 19. 11. 71. Int. Kl.: C 08g 23/16. A.-Z.: 1350425/23-5.

DLP 83840. Verfahren zur Herstellung von Poly-1.3.4-oxadiazolen. Erf. u. Inh.: *Jörg Lietzmann* u. *Alfred Wende*. A. 27. 6. 70, B. 12. 8. 71. Int. Kl.: C 08g 33/02. A.-Z.: WP C 08g/147314.

DTO 1720437. Verfahren zur Herstellung von definiert teilverseiften Poly-Delta-hoch-2-oxazolinen. Erf.: *Wolfgang Seeliger*, *Werner Thier* u. *Wolfgang Kriesten*. Anm.: Chemische Werke Hüls AG, 4370 Marl (DT). A. 1. 2. 68, B. 8. 7. 71. Kl.: 39b5, 33/06, Int. Kl.: C 08g 33/06. A.-Z.: P 1720437.

DTO 1745111. Verfahren zur Herstellung basischer Polykondensate und deren Verwendung bei der Herstellung färbbarer Formkörper aus Polyolefinen. Erf.: *Alberto Bonvicini* u. *Giuseppe Cantatore*. Anm.: Montecatini Edison S.p.A., Mailand (IT). A. 23. 5. 67, B. 5. 8. 71. Kl.: 39b5, 33/02, Int. Kl.: C 08g 33/02. A.-Z.: P 1745111. Prior.: 27. 5. 66 (IT; A.-Z.: 18364).

JAP 7109598. Poly(1.3.4-oxadiazole). Erf.: *Yoshio Iwakura*, *Keikichi Uno*, *Shigeyoshi Hara*, *Rini Kurosawa*, *Kensuke Yashiro*, *Mitsujuki Nakamoto* u. *Junji Senoo*. Inh.: Fujikura Cable Works, Ltd. A. 29. 12. 67, B. 11. 3. 71. Int. Kl.: C 08g.

DTO 1694144. Verfahren zum Stabilisieren von Polyacetalen. Erf.: *Klemens Gutweiler*. Anm.: Farbwerke Hoechst AG vorm. Meister Lucius & Brüning, 6000 Frankfurt (DT). A. 8. 4. 67, B. 29. 7. 71. Kl.: 39b5, 37/02, Int. Kl.: C 08g 37/02. A.-Z.: P 1694144.

DTO 1694232. Titandioxidhaltige thermoplastische Polyesterformmassen. Erf.: *Ludwig Brinkmann*. Anm.: Farbwerke Hoechst AG vorm. Meister Lucius & Brüning, 6000 Frankfurt (DT). A. 9. 12. 67, B. 22. 7. 71. Kl.: 39b5, 39/02, Int. Kl.: C 08g 39/02. A.-Z.: P 1694232. Entspr. OEP 286639.

DTO 1694241. Thermoplastische Formmassen auf Basis gesättigter Polyester. Erf.: *Rudolf Kern*. Anm.: Farbwerke Hoechst AG vorm. Meister Lucius & Brüning, 6000 Frankfurt (DT). A. 16. 1. 68, B. 29. 7. 71. Kl.: 39b5, 39/02, Int. Kl.: C 08g 39/02. A.-Z.: P 1694241. Entspr. GBP 1220322.

SUP 319625 (Urheberschein). Verfahren zur Stabilisierung von Polyesteracrylaten. Erf.: *T. V. Zeleneckaja*, *R. M. Aseeva*, *A. I. Šerle* u. *A. A. Berlin*. Anm.: Institut chimičeskoj Fiziki AN SSSR. A. 9. 7. 70, B. 2. 11. 71. Int. Kl.: C 08g 51/60. A.-Z.: 1457306/23-5.

C 08j. Allegmeine Herstellungs- und Verarbeitungsverfahren

DTO 1694971. Verfahren zur Aufarbeitung einer Suspension. Erf.: *Laurentius Ludovicus Dierendonck*. Anm.: Stamicarbon N. V.., Heerlen (NL). A. 21. 3. 67, B. 22. 7. 71. Kl.: 39b7, 1/46, Int. Kl.: C 08j 1/46. A.-Z.: P 1694971. Prior.: 22. 3. 66 (NL; A.-Z.: 6603761). Entspr. FRP 1514895.

Sektion D: Textilien und Papier

TEXTILIEN

D 01. Natürliche und künstliche Fäden und Fasern; Spinnen

D 01d. Mechanische Verfahren und Vorrichtungen für die Herstellung von künstlichen Fäden, Gespinsten, Fasern, Borsten oder Bändern

SUP 267888 (Urheberschein). Verfahren zur Stabilisierung von synthetischen Polymeren und Kautschuken. Erf.: *S. I. Beljin, I. F. Gavrilenko, F. A. Galil-ogly, B. A. Dolgoplosk, N. N. Eliseeva, I. N. Markevič, N. N. Stefanovskaja* u. *E. I. Tinjakova*. Anm.: Institut neftechimičeskogo Sinteza Im. A. V. Topčieva. A. 18. 2. 69, B. 2. 11. 71. Int. Kl.: C 08b 27/62, C 08d 11/04. A.-Z.: 1306996/23-5.

DLP 83 806. Vorrichtung zum Erspinnen synthetischer Endlosfadenbahnen für die Herstellung spinngebundener textiler Flächengebilde. Erf. u. Inh.: *Fritz Endler, Hans Schneider, Klaus Engel, Manfred Mähling, Jürgen Patzig* u. *Günter Estler*. A. 6. 8. 70, B. 12. 8. 71. Int. Kl.: D 01d 3/00. A.-Z.; WP D 01d/149338.

SUP 320570 (Urheberschein). Verfahren zur Reinigung der Spinndüsen und Spinnblöcke von Polymerresten. Erf.: *L. N. Smirnov, G. A. Kurakov, V. M. Charitonov, G. N. Antipina, E. V. Merkur'eva, E. M. Agapov, L. M. Beder, V. I. Jankov, G. S. Eršov* u. *E. I. Sucholet*. A. 7. 7. 69, B. 4. 11. 71. Int. Kl.: D 01d 3/00. A.-Z.: 1345955/28-12.

DTO 1660183. Mehrfädiges Garn, dessen Einzelfäden aus zwei verschiedenen, innig miteinander vermengten thermoplastischen Polymeren bestehen, sowie Verfahren und Vorrichtung zur Herstellung eines solchen Garnes. Erf.: *Wilhelmus Johannes Fontijn* u. *Korstiaan Jacobus Marinus van Drunen*. Anm.: Algemene Kunstzijde Unie. N. V., Arnheim (NL). A. 25. 7. 67, B. 29. 7. 71. Kl.: 29a, 6/06, Int. Kl.: D 01d 5/00. A.-Z.: P 1660183 (A 56353). Prior.: 8. 9. 66 (NL; A.-Z.: 6612628). Entspr. OEP 292171, FRP 1542655, GBP 1188843 u. USP 3447308.

GBP 1258834. Vorrichtung zum Erspinnen synthetischer Fäden. Inh.: Spetsialnoe Konstruktorsko-Tekhnologicheskoe Bjuro Mashin Khimicheskikh Volokon. A. 22. 10. 69, B. 30. 12. 71. Kl.: B5.B, Int. Kl.: D 01d 13/00. A.-Z.: 51669/69.

GBP 1258401. Extrusion eines Films. Inh.: Ernest Scragg & Sons Ltd. A. 22. 6. 68, B. 30. 12. 71. Kl.: B5.B, Int. Kl.: B 29d 7/04, D 01d 5/00. A.-Z.: 29902/68. Entspr. DTO 1925987, CHP 500305 u. FRP 2011459.

GBP 1256376. Verfahren und Vorrichtung zum Recken eines thermoplastischen Produkts. Inh.: Algemene Kunstzijde Unie N. V. A. 8. 10. 69, B. 8. 12. 71. Kl.: B5.B, Int. Kl.: D 01d 5/16. A.-Z.: 49543/69. Prior.: 8. 10. 68 (NL; A.-Z.: 6814352). Entspr. DTO 1950743 u. CHP 498949.

DTO 1660615. Verfahren zur Herstellung von Stapelfasern aus Filmen bzw. Folien thermoplastischer Polymerer. Erf.: *Johan Michael Goppel*. Anm.: Shell Internationale Research Maatschappij N. V., Den Haag (NL). A. 27. 7. 67, B. 8. 7. 71. Kl.: 29a, 6/06, Int. Kl.: D 01d 5/00. A.-Z.: P 1660615 (S 111053). Prior.: 29. 7. 66 (NL; A.-Z.: 6610696). Entspr. FRP 1542610, GBP 1159216 u. USP 3470595.

D 01f. Chemische Gesichtspunkte bei der Herstellung von künstlichen Fäden, Gespinsten, Fasern, Borsten oder Bändern

DTO 1669530. Verfahren zur Herstellung von im wesentlichen weißen Polyamiden. Erf.: *Luigi Ciceri, Pietro Moruzzi* u. *Ferlice Fagnano Olona Farioli*. Anm.: Snia Viscosa Societa Nationale Industria Applicazioni Viscosa S.p.A., Mailand (IT). A. 31. 3. 66, B. 22. 7. 71. Kl.: 29b, 3/60, Int. Kl.: D 01f. A.-Z.: P 1669530 (S 102949). Prior.: 2. 4. 65 (IT; A.-Z.: 7449/65). Entspr. FRP 1472615 u. GBP 1140047.

JAP 7029913. Antistatische Polyäthylenterephthalat-Kompositionen. Erf.: *Satoshi Ando* u. *Yoshio Tamura*. Inh.: Kanegafuchi Spinning Co. Ltd. A. 3. 5. 67, B. 29. 9. 70. Kl.: 25 H 611.

SUP 320571 (Urheberschein). Verfahren zur Modifizierung von Celluloseacetat. Erf.: *V. I. Majboroda, N. N. Zav'jalova, G. A. Afanas'eva, M. N. Bogdanov, A. U.-A. Leščiner, L. A. Pljaškevič, L. I. Mackjavičjus, A. A. Lukošajtis, Ju. Ju. Lazanskas* u. *Z. Ju. Sakalauskas*. A. 2. 3. 70, B. 4. 11. 71. Int. Kl.: D 01f 1/02. A.-Z.: 1411140/23-5.

SUP 320572 (Urheberschein). Verfahren zur Herstellung von Erzeugnissen auf der Basis von Celluloseacetat. Erf.: *V. I. Majboroda, A. A. Nikitin, N. B. Pokrovskaja, N. V. Vachrameeva, G. N. Guzikova, N. N. Markevič* u. *I. V. Dubovič*, A. 19. 8. 69, B. 4. 11. 71. Int. Kl.: D 01f 1/02, C 08b 27/04. A.-Z.: 1365114/23-5.

JAP 7029389. Celluloseregeneratfasern. Erf.: *Satoru Ohfuchi, Shikio Nozaki, Masatoku Shoda* u. *Seiki Ishikawa*. Inh.: Japan Rayon Co. Ltd. A. 25. 5. 65, B. 29. 11. 69. Kl.: 25 J 3.

DTO 1669377. Verfahren zum Herstellen von elastischen Polyurethanfäden. Erf.: *Jacobus Pieter v. d. Ploeg*. Anm.: Algemene Kunstzijde Unie N. V., Arnheim (NL). A. 19. 3. 68, B. 5. 8. 71. Kl.: 29b, 3/60, Int. Kl.: D 01f 7/04. A.-Z.: P 1669377 (A 58486). Prior.: 5. 4. 67 (NL; A.-Z.: 6704805). Entspr. FRP 1560818 u. GBP 1148709.

DTO 1669400. Bifilare Verbundfäden aus Polyamiden. Erf.: *Harry Kubitzek, Ferdinand Bodesheim, Bela von Falkai, Alfred Reichle* u. *Karl Essig*. Anm.: Farbenfabriken Bayer AG, 5090 Leverkusen (DT). A. 24. 2. 66, B. 22. 7. 71. Kl.: 29b, 3/60, Int. Kl.: D 01f. A.-Z.: P 1669400 (F 48511). Entspr. FRP 1509576 u. GBP 1157744.

GBP 1256661. Polypivalolactonfäden und -garne. Inh.: Shell Internationale Research Maatschappij N. V. A. 24. 2. 70, B. 15. 12. 71. Kl.: B5. B, Int. Kl.: D 01f 7/04, D 01d 5/10. A.-Z.: 8810/70. Prior.: 26. 2. 69 (NL; A.-Z.: 6902959). Entspr. DTO 20008570 u. FRP 2037416.

GBP 1258756. Herstellung matter Polyamidfäden. Inh.: Courtaulds Ltd. A. 24. 5. 68, B. 30. 12. 71. Kl.: C3.R, Int. Kl.: D 01f 7/04, C 08g 41/02, 41/04, 51/04, 53/00, C 08k 1/06. A.-Z.: 24831/68. Entspr. FRP 2010480.

GBP 1259034. Verbundfäden. Inh.: Montecatini Edison S.p.A. A. 19. 9. 69, B. 5. 1. 72, Kl.: B5.B, Int. Kl.: D 01f 7/00. A.-Z.: 46178/69. Prior.: 19. 9. 68, 28. 8. 69 (IT; A.-Z.: 21413, 21353). Entspr. DTO 1947430 u. FRP 2018415.

D 02. Garne; mechanische Veredlung von Garnen oder Seilen; Schären oder Bäumen

D02g. Kräuseln oder Krimpfen (Texturieren) von Fasern, Fäden, Zwirnen oder Garnen; Garne oder Zwirne

DLP 85147. Stauchkräuselvorrichtung. Erf. u. Inh.: *Lutz Brenner* u. *Wolfgang Gerhardt*. A. 11. 11. 69, B. 12. 10. 71. Kl.: 29a, 6/20, Int. Kl.: D 02g 1/12. A.-Z.: WP 29a/143642.

DTO 1710603. Verfahren und Vorrichtung zum Stauchkammerkräuseln von Garn. Erf.: *Johan Jacques Mertens*. Anm.: Algemene Kunstzijde Unie N. V., Arnheim (NL). A. 23. 1. 68, B. 8. 7. 71. Kl.: 29a, 6/20, Int. Kl.: D 02g. A.-Z.: P 1710603 (A 58015). Prior.: 25. 1. 67 (NL; A.-Z.: 6701143) Entspr. DLP 68949.

DTO 1785018. Selbstkräuselnde Fäden und Verfahren zu deren Herstellung. Erf.: *Eugenio Rottenbacher* u. *Francesco Sassanelli*. Anm.: Snam-Progetti S.p.A., Mailand (IT). A. 1. 8. 68, B. 29. 7. 71. Kl.: 29a, 6/20, Int. Kl.: D 02g 1/00. A.-Z.: P 1785018. Prior.: 8. 8. 67 (IT; A.-Z.: 19321 A/67). Entspr. CHP 499631.

DTO 1785113. Fußbodenbelag und Verfahren zum Herstellen des dafür verwendeten Garns. Erf.: *Jannes Eshuis*. Anm.: Algemene Kunstzijde Unie N. V., Arnheim (NL). A. 12. 8. 68, B. 15. 7. 71. Kl.: 29a, 6/20, Int. Kl.: D 02g. A.-Z.: P 1785113. Prior.: 12. 8. 67 (NL; A.-Z.: 6711130). Entspr. FRP 1575307 u. GBP 1236755.

DTO 1785466. Falschdrallkräuselvorrichtung. Erf.: *Hermann Kubler* u. *Heinz Treptow*. Anm.: Barmag Barmer Maschinenfabrik AG, 5600 Wuppertal (DT). A. 27. 9. 68, B. 15. 7. 71. Kl.: 29a, 6/20, Int. Kl.: D 02g 1/04. A.-Z.: P 1785466. Entspr. DLP 76066.

DTO 1785531. Verfahren zum Stauchkräuseln von Garn. Erf.: *Denis Albert Edward Mattingly* u. *Reginald Selby Gilchrist*. Anm.: The Klinger Manufacturing Co. Ltd., London (GB). A. 28. 11. 61, B. 8. 7. 71. Kl.: 29a, 6/20, Int. Kl.: D 02g. A.-Z.: P 1785531 (Zus. z. u. ausgesch. aus Anm. m. A.-Z.: P 1435516). Prior.: 29. 11. 69, 4. 4. 62, 22. 11. 61 (GB; A.-Z.: 42726, 42728, 13030, 44125). Vgl. auch DTO 1435516, A.-Z.: 13030/62 entspr. DTA 1435516, CHP 413214, CHP 424073, FRP 1842814, USP 3174206 u. USP 3212157.

DTO 1962304. Vorrichtung für das Torsionstexturieren bei der Garnherstellung. Erf.: *Karl Heinz Breitenbach*. Anm.: SKF Kugellagerfabriken GmbH 8720 Schweinfurt (DT). A. 12. 12. 69, B. 8. 7. 71. Kl.: 29a, 6/20, Int. Kl.: D 02g. A.-Z.: P 1962304. Entspr. FRP 2 073664.

CHP 517845. Falschdrallvorrichtung zur Herstellung texturierter Textilgarne. Erf.: *Ulrich Clajus*. Inh.: Heberlein & Co. AG, Wattwil. A. 24. 12. 69, Int. Kl.: D 02g 1/02. A.-Z.: 1051/71 (Teil v. Pat. m. A.-Z.: 19212/69). A.-Z.: 19212/69 entspr. DTO 2063127.

GBP 1255957. Verfahren und Vorrichtung zum Kräuseln von Fäden. Inh.: Courtaulds Ltd. A. 9. 2. 68, B. 8. 12. 71. Kl.: D1. F, Int. Kl.: D 02g 1/12, B 05c 3/132. A.-Z.: 6432/68.

GBP 1257049. Verfahren zur Erzeugung einer latenten Kräuselung in thermoplastischen Garnen und eine Walze und Vorrichtung zur Ausführung dieses Verfahrens. Inh.: Algemene Kunstzijde Unie N. V. A. 7. 8. 69, B. 15. 12. 71. Kl.: B5.B, Int. Kl.: D 02g 1/00. A.-Z.: 34327/69. Prior.: 8. 7. 68 (NL; A.-Z.: 09645).

GBP 1256528. Verfahren und Vorrichtung zum Spinnen und Zwirnen in einem Arbeitsgang. Inh.: VEB Baumwolle Wissenschaftlich-Technisches Zentrum Baumwollspinnerei und Zwirnerei. A. 23. 12. 68, B. 8. 12. 71. Kl.: D1.F, Int. Kl.: D 02g 3/00, D 01h 13/04. A.-Z.: 61038/68.

PAPIER

D 21. Papierherstellung; Gewinnung von Cellulose bzw. Zellstoff

D 21c. Gewinnung von Cellulose durch Abscheiden nichtcelluloseartiger Substanzen von cellulosehaltigen Stoffen; Wiedergewinnung der Zellstoffablaugen; Vorrichtungen dafür

SWP 342269. Schraubenförmige Zuführvorrichtung zum Einführen von Fasermaterial in die Spitze eines kontinuierlichen Zellstoffkochers. Erf.: *J. C. F. C. Richter*. Inh.: Kamyr AB, Karlstad (SW). A. 11. 6. 70, B. 31. 1. 72, Int. Kl.: D 21c 7/00. A.-Z.: 8147/70.

SUP 319658 (Urheberschein). Diskontinuierlicher Zellstoffkocher. Erf.: *E. E. Egorov, V. A. Parfjonov, V. Z. Pečnikova, B. M. Astambovskij, T. A. Bikčentaev, T. B. Butman, A. A. Karčmarčik, I. A. Sergeev, A. I. Fomin* u. *T. K. Chodak*. Anm.: Central'nyi naučno-issledovatel'skij i proektno-konstruktorskij Institut po Proektirovaniju Oborudovanija dlja celljulozno-bumažnoj Promyšlennosti. A. 6. 7. 70, B. 2. 11. 71. Int. Kl.: D 21c 7/00. A.-Z.: 1454221/29-33.

SUP 321560 (Urheberschein). Vorrichtung für die automatische Regulierung des Verbrauchs an Weiß- und Schwarzlaugen. Erf.: *E. V. Ceškovkij, A. D. Kanarev, A. Ja. Targonin* u. *I. M. Šegda*. Anm.: Ukrainskij naučno-issledovatel'skij Institut celljulozno-bumažnoj Promyšlennosti. A. 21. 5. 70, B. 19. 11. 71. Int. Kl.: D 21c 7/12. A.-Z.: 1446624/29-33.

DTO 2100703. Verfahren und Vorrichtung zum Bleichen von Lignocellulosematerial. Erf.: *Allan Geoffrey Jamieson*. Anm.: Canadian Industries Ltd., Montreal, Quebec (CA). A. 8. 1. 71, B. 15. 7. 71. Kl.: 55c, 1, Int. Kl.: D 21c 9/10. A.-Z.: P 2100703. Prior.: 8. 1. 70 (CA; A.-Z.: 071726). Entspr. FRP 2075111.

SWP 342270. Vorrichtung zur Aufrechterhaltung von Querströmung und zur Abtrennung von Flüssigkeit in einem Behälter, der für axiale Durchströmung von suspendiertem Fasermaterial eingerichtet ist. Erf.: *R. J. Johansen*. Inh.: Kamyr AB, Karlstad (SW). A. 2. 2. 71, B. 31. 1. 72. Int. Kl.: D 21c 9/02. A.-Z.: 1245/71.

Sektion G. Physik

G 01. Messen; Prüfen

G 01n. Untersuchen der chemischen oder physikalischen Eigenschaften von Stoffen

DLP 83658. Verfahren und Vorrichtung zur Messung der Knitterneigung von Textilien. Erf.: *Kiril Todorov Dimov, Stojan Minkov Kolev, Krum Mitev Kurtev, Wassil Svetosarov Buzev* u. *Ljuben Konstantinov Popkonstantinov*. Inh.: NIPKIP (BU). A. 8. 12. 69, B. 5. 8. 71. Int. Kl.: G 01n. A.-Z.: AP 42k/144185. Prior.: 7. 12. 68 (BU; A.-Z.: 11196). Entspr. DTO 1961242.

SUP 320754 (Urheberschein). Vorrichtung zur Messung des Randwinkels bei Benetzung von Elementarfäden mit einer Flüssigkeit. Erf.: *V. N. Prigorodov* u. *L. P. Kobec*. A. 7. 8. 69, B. 4. 11. 71. Int. Kl.: G 01n 13/02, G 02b 21/20. A.-Z.: 1356305/26-25.

DTO 1648430. Verfahren und Vorrichtung zum Prüfen von Faserverbänden. Erf.: *Otto Müller*. Anm.: Deutsche Forschungsinstitute für Textilindustrie Reutlingen-Stuttgart; u. Wissenschaftliche Institute an d. Tech. Hochschule Stuttgart, 7000 Stuttgart (DT). A. 27. 4. 67, B. 22. 7. 71. Kl.: 42k, 50, Int. Kl.: G 01n 33/36. A.-Z.: P 1648430 (D 52948).

CSP 143738. Gerät zur Ermüdungsprüfung von Textilmaterialien durch cyclische Beanspruchung. Erf.: *Zdenek Kramenič*. A. 1. 11. 68, B. 18. 6. 71. Kl.: 42k, 50, Int. Kl.: G 01n 33/36. A.-Z.: 7462/68.

CSP 143846. Vorrichtung zur Prüfung der Parallelisierung von Textilfasern, z. B. im Strang. Erf.: *Alois Stejskal, Lubomír Lenert, Jaromír Kašpárek* u. *Vera Lehká*. A. 18. 11. 69, B. 18. 6. 71. Kl.: 42k, 50, Int. Kl.: G01n 33/36. A.-Z.: 7585/59.

Literaturschau

Auszug aus Lieferung 15 und 16/1972 der Literaturschau „Faserstoffe und Textiltechnik", zusammengestellt von der Abteilung Information und Dokumentation des Instituts für Polymerenchemie der AW der DDR, Teltow-Seehof, Kantstr. 55

I. Wissenschaftliche Grundlagen

Dinse, H.-D.: Erfahrungen bei der gaschromatographischen Bestimmung von ε-Caprolactam in Polyamid 6. Faserforsch. u. Textiltechnik **23** (1972) 7, S. 304–305.

Allgemeines

Massa, D. J., Schrag, J. L.: Datenverarbeitungsgerechte Messung der viskoelastischen Eigenschaften von makromolekularen Lösungen: Frequenzabhängigkeit über einen breiten Bereich der Lösungsmittelviskosität. J. Polymer Sci., A-2: Polymer Physics **10** (1972) 1, S. 71–87.

Balalaev, E. G., Orlova, L. B., Kotljarova, V. M.: Bestimmung der Durchlässigkeit von Polymerfolien. Zavodsk. Labor., Moskva (Betriebslabor) **38** (1972) 6, S. 706–707.

Umgekehrte Osmose in Hohlfasern. VDI-Z. **114** (1972) 7, S. 493.

Barnes, R. M.: Emissionsspektrometrie. Analytic. Chem. **44** (1972) 5, S. 122 R–150 R.

Boltz, D. F., Mellon, M. G.: Lichtabsorptionsspektrometrie. Analytic. Chem. **44** (1972) 5, S. 300 R-323 R.

Burlingame, A. L., Johanson, Gary A.: Massenspektrometrie. Analytic. Chem. **44** (1972) 5, S. 337 R–378 R.

Corio, P. L., Smith, S. L., Wasson, J. R.: Kernmagnetische Resonanzspektrometrie. Analytic. Chem. **44** (1972) 5, S. 407 R–438 R.

Abdel-Alim, Ahmed H., Hamielec, A. E.: Molekulare Aggregation bei Polyvinylchlorid. Ein neues analytisches Verfahren. J. apppl. Polymer Sci. **16** (1972) 5, S. 1093–1101.

Buck, R. P.: Ionenselektive Elektroden, Potentiometrie und potentiometrische Titrationen. Analytic. Chem. **44** (1972) 5, S. 270 R–295 R.

Stock, J. T.: Amperometrische Titrationen. Analytoc. Chem. **44** (1972) 5, S. 1 R–9 R.

Lagowski, J. J.: Titration in nichtwäßrigen Lösungsmitteln. Analytic. Chem. **44** (1972) 5, S. 524 R–534 R.

Physik und Chemie der Hochpolymeren

Yuan, L., Dougherty, T. J., Stivala, S. S.: Halbempirische Näherung für die Viskosität von Polyelektrolytlösungen. J. Polymer Sci., A-2: Polymer Physics **10** (1972) 1, S. 171–189.

Rudin, A., Hoegy, H. L. W., Johnston, H. K.: Bestimmung der Viskosität von Polymerlösungsgemischen. J. appl. Polymer Sci. **16** (1972) 5, S. 1281 bis 1293.

Quadrat, O.: Untersuchung der Bedingungen für die negative Thixotropie von Polymethylmethacrylatlösungen in Lösungsmitteln geringer Viskosität. II. Quantitative Analyse der Zeitabhängigkeit der Viskosität. Coll. czechoslov. chem. Commun. **37** (1972) 3, S. 980–987 (engl.).

Dietrich, K., Reinisch, G.: Lösungsviskosimetrische Untersuchungen von Gemischen von Polycaprolactam und Polyäthylenterephthalat in Phenol/Tetrachloräthan (1:1) als Lösungsmittel. Faserforsch. u. Textiltechnik **23** (1972) 9, S. 366–371.

Dietrich, K., Tolsdorf, S., Reinisch, G.: Zur Schmelzviskosität von Polycaprolactamen mit niedrigen Aminoendgruppenkonzentrationen. Faserforsch. u. Textiltechnik **23** (1972) 8, S. 325–328.

Čachojan, P. A., Torojan, O. A., Majboroda, V. I., Pogosob, Ju. L., Krjažer, V. N.: Untersuchung der rheologischen Eigenschaften eines Polymergemisches. Chim. Volokna (Chem. Fasern) (1972) 3, S. 35–36.

Špaček, P., Kubín, M.: Verteilungskoeffizienten und Diffusionsgeschwindigkeiten von einigen Modellverbindungen in gequollenen Poly(2-hydroxyäthylmethacrylat)gelen unterschiedlicher Porosität. Coll. czechoslov. chem. Commun. **37** (1972) 4, S. 1284–1294.

Uglea, C. V., Simionescu, Cr. I.: Hydrodynamisches Verhalten von Cellulosederivaten. II. Partiell veresterte 2,4-Dinitrobenzoylcellulose. III. Beziehung zwischen Grenzviskosität und relativer Molekülmasse. Cellulose Chem. Technology, Jassy/Rum. **5** (1971) 6, S. 527–534, 535–543 (franz.).

van Lancker, M., Veirman, E.: Charakterisierung der relativen Molekülmasse von Cellulosematerialien. III. Analyse der Verteilung der relativen Molekülmasse von Dextran (Modellverbindung für Cellulose) durch Gelchromatographie an Sephadex und Porasil als Trägermaterial. Ann. Sci. textiles belges **20** (1972) 2, S. 98–120 (engl.).

Lorimer, J. W.: Brechungsindexinkrementien von Polymeren in Lösung. 1. Allgemeine Theorie. Polymer. London **13** (1972) 2, S. 46–51.

Wiechec, L., Janicka, K.: IR-spektroskopische Untersuchung der Alterung von Polyäthylen unter atmosphärischen Bedingungen. Polimery, Warszawa **17** (1972) 4, S. 206–209.

Fieber, W., Kimmer, W., Schmolke, R.: Frequenzverschiebungen in Ultrarotspektren von Styrol-Acrylnitril-Copolymeren. Z. Chemie **12** (1972) 6, S. 233–234.

Sedláček, B., Kratochvíl, P., Straková, D.: Lichtstreuung am System α-Bromnaphthalin/Butanon/Polystyrol. Coll. czechoslov. chem. Commun. **37** (1972) 3, S. 970–979 (engl.).

Bullock, A. T., Cameron, G. G., Smith, P.: ESR-Untersuchungen von spinmarkierten Polymeren. Teil 2. Darstellung und Charakterisierung von spin-markiertem Polystyrol. Polymer, London **13** (1972) 2, S. 89–90.

Manjunath, B. R., Peacock, N.: Kettenkonformation bei Cellulose I und Cellulose II. J. appl. Polymer Sci. **16** (1972) 5, S. 1305–1308.

Hirte, R., Teichgräber, M.: Die übermolekulare Struktur hochpolymerer Verbindungen. Teil IX. Ein erweitertes Fourierverfahren zur quantitativen Analyse der röntgenographischen Streukurven von Polycaproamid als polymeres Mehrphasensystem. Eine erste Anwendung des Verfahrens. Faserforsch. u. Textiltechnik **23** (1972) 9, S. 359–365.

Polo-Friz, L., Rosi, V., Merani, G.: Zusammenhänge zwischen Feinstruktur und Eigenschaften von Polyamid 6. I. Röntgenmessungen an Faserstoffen in Abhängigkeit von der Reckung. Röntgenmessungen an gereckten Fäden nach Behandlung mit Wasser oder mit wäßriger Phenollösung. Faserforsch. u. Textiltechnik **23** (1972) 8, S. 319–324; 9, S. 379–384.

Railsback, H. E., Zelinski, R. P.: Einfluß der Polymerstruktur auf Verarbeitungsverhalten und Eigenschaften von Lösungspolymeren. Kautschuk, Gummi, Kunststoffe **25** (1972) 6, S. 254–259.

Matočkin, V. S., Kalačev, A. I., Zelenev, Ju. V., Valeckij, P. M., Vinogradova, S. V., Koršak, V. V.: Untersuchung der molekularen Bewegung in Polyarylaten mit 1.2- und 1,7-Diphenylcarboransegmenten in der Hauptkette. Dokl. Akad. Nauk SSSR (Ber. Akad. Wiss. UdSSR) **204** (1972) 6, S. 1359–1362.

Fielding-Russell, G. S., Pillai, P. S.: Untersuchung der Kristallisation von γ-bestrahltem Polyäthylenterephthalat mittels registrierender Differentialkalorimetrie. Kolloid-Z. u. Z. Polymere **250** (1972) 1, S. 2–8 (engl.).

Gol'dman, A. Ja., Martynov, M. A., Il'čenko, P. A.: Anhäufung von submikroskopischen Brüchen in Polymeren bei einmaliger Belastung. Mech. Polimerov, Riga (Mech. d. Polymeren) **8** (1972) 3, S. 519–524.

Schwarz, G.: Chemische Relaxation eines grundlegenden kooperativen Bindungsmechanismus für lineare Polymere. Ber. Bunsenges. physik. Chemie **76** (1972) 5, S. 373–378.

Fedotova, O. Ja.; Gorochov, V. I., Paresišvili, O. I., Karetnikov, G. S., Kolesnikov, G. S.: Untersuchung des thermischen Abbaues und der Thermooxydation phosphorhaltiger Polyimide. Vysokomol. Soed. (Hochmol. Verbind.) Serie A **14** (1972) 6, S. 1256–1266.

Smit, P. P. A.: Differentialkalorimetrische Untersuchungen der Übergänge in Polyolefinen zwischen −100 und +300 °C. Kolloid-Z. u. Z. Polymere **250** (1972) 1, S. 27–37 (engl.).

Koršak, V. V., Pavlova, S. A., Dubrovina, L. V., Vasnev, V. A., Vinogradova, S. V., Vasil'ev, A. V.: Eigenschaften der Lösungen einiger durch Tieftemperaturen-Veresterung hergestellter Polyacrylate. Izv. Akad. Nauk SSSR, Serija chim. (Nachr. Akad. Wiss. UdSSR, Chemie) (1972) 6, S. 1409 bis 1410.

Blackadder, D. A. Keniry, J. S.: Die morphologischen Konsequenzen des Temperns von Polyäthylen hoher Dichte in Lösungsmitteln. J. appl. Polymer Sci. **16** (1972) 5, S. 1261–1270.

Schreiber, H. P.: Untersuchungen an Polyolefinlösungen mit Temperaturregistrierung. Polymer, London **13** (1972) 2, S. 78–84.

Ubajdullaev, B. Ch., Geller, A. A., Geller, B. E.: Untersuchung der thermischen Beständigkeit von Polymergemischen mit Hilfe der DTA. Vysokomol. Soed. (Hochmol. Verbind.) Serie B: Kratkie Soobsč. (Kurzmitt.) **14** (1972) 5, S. 382–383.

Mucha, M.: Thermogravimetrische Untersuchung des thermischen Abbaues von Copolymeren des Vinylidenchlorids. Polimery, Warszawa **17** (1972) 4, S. 200–205.

Elworthy, P. H., Florence, A. T., Rahman, A.: Leitfähigkeit von Natriumchlorid und Kaliumchlorid in Polymerlösungen und der Hinderungseffekt. J. physic. Chem. **78** (1972) 12, S. 1763–1767.

Schleicher. H., Linow, K.-J., Schubert, K.: Untersuchungen zur Quellung und Lösung von Cellulose in aminhaltigen Flüssigkeiten. 4. Mitt.: Zum Verhalten von Cellulose in ammoniak- und salzhaltigen Lösungsmittelsystemen. Faserforsch. u. Textiltechnik **23** (1972) 8, S. 335–340.

Anisimov, V. M., Burštejn, K. Ja., Karpuchin, O. N., Kožušner, M. A.: Mögliche Mechanismen der Beeinflussung der Energieübertragung durch ein polymeres Medium. Optika i Spektroskopija, Moskva **32** (1972) 6, S. 1111–1115.

Cooper, W. D.: Koagulation polydisperser kolloider Systeme. Kolloid-Z. u. Z. Polymere **250** (1972) 1, S. 38–45 (engl.).

Poljakov, A. I., Smagin, V. V.: Umsetzung von Cellulosenitrat mit Carbonsäurechloriden. Vysokomol. Soed. (Hochmol. Verbind.) Serie A **14** (1972) 6, S. 1278–1282.

Bandyopadhyay, P., Rodriguez, F.: Wechselwirkung von Polyvinylpyrrolidon mit gelösten phenolischen Komponenten. Polymer, London **13** (1972) 3, S. 119–123.

Physik und Chemie der Monomeren und Oligomeren

Koršak, V. V., Vinogradova, S. V.: Pankratov, V. A.: Dehydratisierung von Terephthalsäureamid in dipolaren aprotischen Lösungsmitteln unter Einwirkung von Thinoylchlorid. Z. prikl. Chimii (Z. angew. Chemie) **45** (1972) 5, S. 1082–1086.

Grigor'eva, V. A., Baturin, S. M., Entelis, S. G.: Umsetzungskinetik von m-Chlorphenylisocyanat mit Glykolen. Vysokomol. Soed. (Hochmol. Verbind.) Serie A **14** (1972) 6, S. 1345–1349.

Polymerisation

Löhr, G., Schmitt, B. J., Schulz, G. V.: Das Strömungsrohr als kontinuierlicher Reaktor zur kinetischen Untersuchung schneller Polymerisationsprozesse. Z. physik. Chemie, N. F., Frankfurt/M. **78** (1972) 3/4, S. 177–198.

Avdeeva, L. N., Ustjužanina, G. P., Sautin, S. N., Smirnov, N. I.: Über die Gültigkeit des mathematischen Modells der Emulsionspolymerisation. Z. prikl. Chimii (Z. angew. Chemie) **45** (1972) 6, S. 1372–1375.

Stevens, J. D., Funderburk, J. O.: Modelle zur Planung von kontinuierlichen Emulsionspolymerisationsverfahren und vorläufigen experimentellen Auswertung. IEC. Ind. engng. Chem./Proc. Design Development **11** (1972) 3, S. 360–369.

Čefelin, P., Markes, R.: Die Polykondensation des Bis-(2-hydroxyläthyl)-terephthalats in dünnen Schmelzeschichten. Faserforsch. u. Textiltechnik **23** (1972) 8, S. 329–334.

Smirnova, O. V., Fortunatov, O. G., Kolešnikova,, T. Ju., Kolesnikov, G. S.: Synthese von Polycarbonaten auf der Basis von Di-(4-hydroxyphenyl)-methylphenylmethan in einem organischen Lösungsmittel. Vysokomol. Soed. (Hochmol. Verbind.) Serie A **14** (1972) 6, S. 1320–1325.

Kraliček, J., Kondelíkova, J., Kubánek, V.: Der Einfluß der Substituenten auf die Polymerisation von 7gliedrigen Lactamen. V. Synthese und Polymerisation von ε-Hexylcaprolactam, ε-Laurylcaprolactam und ε-Isobutylcaprolactam. Coll. czechoslov. chem. Commun. **37** (1972) 4, S. 1130–1142.

Záhorovský, S., Horák, O.: Steuerung der alkalisch aktivierten Polymerisation von ε-Caprolactam. Chem. Prům., Praha (Chem. Ind.) **22(47)** (1972) 6, S. 294–296.

Thomalla, B.: Copolymerisation von Äthylen mit Propylen in einem flüssigen, lösungsmittelfreien Medium. Bestimmung von Copolymerisationskonstanten. Polimery, Warszawa **17** (1972) 4, S. 191–194.

Price, Ch. C., Akkapeddi, M., K.: Kinetik der basenkatalysierten Polymerisation von Epoxiden in Dimethylsulfoxid und Hexamethylphosphorsäuretriamid. J. amer. chem. Soc. **94** (1972) 11, S. 3972–3975.

Aslan, V., Munteanu, D.: Pfropfung von N-Vinylcarbazol auf HD-Polyäthylen in homogenem Medium und in Gegenwart von Peroxidinitiatoren. Materiale plast., București **9** (1972) 3, S. 121–126.

Price, Ch. C., Akkapeddi, M. K., DeBona, B. T., Furie, B. C.: Stereochemische Faktoren bei der Epoxidpolymerisation durch basische und Koordinationskatalysatoren. J. amer. chem. Soc. **94** (1972) 11, S. 3964 bis 3971.

II. Faserstoffe, Ausgangsstoffe usw.

Naturfaserstoffe

Pflanzliche Faserstoffe

Tarakan, N. I., Umarov, A. M., Stepanov, G. S.: Charakteristik von primären und sekundären Hanffasern. Tekstil. Prom., Moskva (Textil-Ind.) **32** (1972) 6, S. 30–31.

Tarasov, S. V., Dvernickij, I. M.: Über die Modernisierung der Ausrüstungen und Mechanisierung einiger Prozesse in der Leinenindustrie. Tekstil. Prom., Moskva (Textil-Ind.) **32** (1972) 6, S. 17–19.

Tierische Faserstoffe

Willich, W.: Objektive Messung von Wolle, Betrachtungen über die Entwicklung der chronologischen Erfassung von Qualitätsmerkmalen in der Rohwolle. Melliand Textilber. internat. **53** (1972) 5, S. 496–504. (dt.].

Chemiefaserstoffe

Die Aktivität der französischen Chemiefaserindustrie. Ind. textile, Paris (1972) 1012, S. 365–369.

Neue Chemiefaserprojekte der Ingenieurfirmen. Chemiefasern/Textilind. **22/74** (1972) 6, S. 491–492.

Interessantes über Chemiefasern – Übersicht einiger weniger üblicher Texturierverfahren auf thermischem und chemischem Prinzip. Inform. Přehled. Výzkumný Ust. Pletařský, Brno (Inform.-Übers. Wirkerei-Inst.) (1971) 4/5, S. 3–5.

Cellulose und Zellstoff

Phillips, R. B., Quere, J., Guiroy, G., Stannett, V. T.: Modifizierung von Zellstoff und Papier durch Pfropfcopolymerisation. Eine Übersicht über Reaktionen und Eigenschaften von Pfropfcopolymeren auf Zellstoff- und Papierbasis. Tappi, New York **55** (1972) 6, S. 858–867.

Dabrowski, A., Kapecka, T.: Bestimmung der Filtrierbarkeit von Viskose. Cellulose Chem. Technology, Jassy/Rum. **5** (1971) 6, S. 549–554. (engl.).

Virezub, A., Kuličichin, V., Archangel'skij, D.: Änderung des Gelteilchengehaltes in der Viskose während der Nachreife. Chim. Volokna (Chem. Fasern) (1972) 3, S. 76.

Regeneratfaserstoffe

Boutry, P.: Die Polynosic-Faser in der Damenwäsche. Melliand-Textilber. internat. **53** (1972) 5, S. 505–506.

Synthetische Faserstoffe

Strel'ces, V. Ja., Moiseev, G. K., Alferova, V. D.: Zur Bildung von Aufmachungen erhöhter Masse auf Erspinnmaschinen für Synthesefaserstoffe. Chim. Volokna (Chem. Fasern) (1972) 3, S. 62–64.

Nestler, H.: Der Einsatz der Gas/Flüssig-Chromatographie zur Kontrolle des Produktionsprozesses von Polyäthylenterephthalatfaserstoffen. Faserforsch. u. Textiltechnik **23** (1972) 7, S. 280–285.

Marko, J.: Die jüngsten Entwicklungsrichtungen der Polyamidfaserstoffe. Chem. Vlákna, Svit (Chem. Fasern) **22** (1972) 3, S. 38–47.

Prevorsek, D. Butler, R. H.: Struktur von Polyamid 6 auf Grund der Untersuchung seiner viskoelastischen Eigenschaften. Internat. J. polymeric Materials **1** (1972) 3, S. 251–277.

von Hornuff, G., Heise, M.: Beeinflussung der elektrostatischen Aufladung und der Reibung von Polyamidseide durch Fettsäurepolyglykolester. Faserforsch. u. Textiltechnik **23** (1972) 8, S. 340–346.

Thomas, G.: Polypropylen in der Faserstoffindustrie. Textilia, Milano **48** (1972) 6, S. 81–84.

Krasil'nikova, L. S., Mežirov, M. S., Fichman, V. D.: Über die Veränderung der Struktur von modifiziertem Polyvinylchloridfaserstoff während des Trocknungsvorganges. Chim. Volokan (Chem. Fasern) (1972) 3, S. 10–11.

Jakobson, J.: Die Herstellung von Polyvinylalkohol-Caseinfasern. Chemiefasern/Textilind. **22/74** (1972) 6, S. 526–527.

Ruta, D.: Neue Anwendungsmöglichkeiten für Acrylfaserstoffe. Textilia, Milano **48** (1972) 6, S. 11–19.

Stoy, A.: Hydron N-Hydrogel auf der Basis von partiell hydrolysiertem Polyacrylnitril. Chemie a Lidé, Praha (Chemie und Volk) (1972) 6, S. 4–7. In: Chem. Prům., Praha (Chem. Ind.) **22**(47) (1972) 6.

Săndescu, F.: Verfahren zur Bestimmung der Zusammensetzung des zur Herstellung von Melana-Faserstoff eingesetzten Monomergemisches. Materiale plast., București **9** (1972) 3, S. 147–149.

Dyson, E., Montgomery, D. E., Tregonning, K.: Thermisch beständige Faserstoffe aus einem Adamantanpolymeren. Polymer, London **13** (1972) 2, S. 85–88

Lebedeva, A. I., Krajnova, A. E., Krujčkova, P. I., Šafir, R. S.: Über Erprobungsergebnisse der Reckzwirnmaschine KV-II-150K. Chim. Volokna (Chem. Fasern) (1972) 3, S. 59–61.

Künstliche mineralische Faserstoffe

Menges, B., Harnier, A. V.: Naßwickeln mit Kohlenfasern. Kunststoff-Rdsch. **19** (1972) 6, S. 297–304.

Böder, H.: Stand der Verwendung von Kohlenstoff-Fasern. Kunststoffe **62** (1972) 5, S. 293–296.

Ausgangsstoffe. Schaumstoffe. Kautschuk

Tarnopol'skij, Ju M.: Derzeitige Tendenzen der Entwicklung von faserstoffverstärkten Verbundstoffen. Mech. Polimerov, Riga (Mech. d. Polymeren) **8** (1972) 3, S. 541–552.

Celiščev, V. D.: Einfluß einiger technologischer Kennwerte auf die Querschnittsform von Cellophan. Chim. Volokna (Chem. Fasern) (1972) 3, S. 37–39.

III. Fäden-Herstellungstechnologien

Spinnerei. Zwirnerei

Aristov, P. I.: Wege der Verbesserung der Technologie der Baumwollspinnerei. Tekstil. Prom., Moskva (Textil-Ind.) **32** (1972) 6, S. 19–21.

Ivanov, S. S., Ajsina, N. I.: Neues Verfahren zur Garnherstellung. Tekstil. Prom., Moskva (Textil-Ind.) **32** (1972) 6, S. 43–45.

Spinnereivorbereitung

Tobisch, F.: Beschreibung der Wollwaschmaschine der polnischen DOFAMA Maschinenfabrik. Magyar Textiltechn. **24** (1972) 6, S. 317–322.

Spinnerei

Lenoir, J.: Das Converterbandverfahren auf der „Duranitre"-Maschine. Modell 970. Ind. textile, Paris (1972) 1012, S. 370.

Kammgarnspinnerei in Wrexham. Textile Month (1972) 5, S. 52, 54.

Schmalz, J.: Der Einfluß von Chemiefasern auf die Entwicklung der Streckwerke von Ringspinnmaschinen. Magyar Textiltechn. **24** (1972) 4, S. 169–171.

Kirschner, E.: Erkenntnisse aus grundlegenden technologischen Untersuchungen des Offenend-Spinnverfahrens und deren Bedeutung für die industrielle Praxis. Melliand Textilber. internat. **53** (1972) 5, S. 487–495.

Texturfäden

Schatz, P.: Zukünftige Entwicklungen im Hochbauschprozeß. Chemiefasern/Textilind. **22/74** (1972) 6, S. 535–536.

Piller, B., Bezemek, V., Götz, K.: Wie werden sich die spinntexturierten Fäden weiterentwickeln und wie sind die Prognosen der Weiterentwicklung von texturierten Synthesefäden. Inform. Prehled. Výskumný Úst. Pletarský, Brno (Inform.-Übers. Wirkerei-Inst.) (1971) 4/5, S. 7–59 (dt. u. russ. Zusammenfass.).

IV. Flächengebilde-Herstellungstechnologien

Eckardt, K.: Textile Fußbodenbeläge nach der Klebe-Technik. Melliand Textilber. internat. **53** (1972) 6, S. 637–642.

Outdoorbelag mit Dauerflor aus echtem Gras. Boden, Wand, Decke **18** (1972) 6, S. 81–82.

Materialvorbereitung

Vroomen, F., Francise, C.: Versuch zur Simulierung von automatischen Spulmaschinen. „Ronde" und „Va-et-Vient". Ann. sci. textiles belges **20** (1972) 2, S. 71–97.

Gebald, G.: Die automatische Kreuzspulerei von morgen – arbeitswissenschaftlich und betriebswirtschaftlich gesehen. Melliand Textilber. internat. **53** (1972) 5, S. 507–512.

Hesse, E. O.: Die Ausnutzung der Kettenlänge als Rationalisierungsmittel in der Weberei. Melliand Textilber. internat. **53** (1972) 6, S. 628–631.

Weberei

Erzeugnisse der Weberei

Golovnja, V. D.: Einfluß der Versuchsverhältnisse auf die Knitterneigung von Stoffen aus voluminösen Kernmantelfäden. Izv. vysšich uč. Zav. Technol. legkoj Prom. (Hochschulnachr. Technol. Leichtind.) (1972) 3, S. 37–41.

Breuninger, J.: Teppichvorprodukte für rationelle Fertigung und zeitgemäße Ansprüche. Chemiefasern/Textilind. **22/74** (1972) 6, S. 530–535.

Wirkerei und Strickerei. Konfektionstechnik. Sonstige Technologien

Übersicht über die Verbesserungsvorschläge, die in den Betrieben der Strick- und Wirkwarenindustrie im Jahre 1971 angemeldet wurden. Inform. Prehled. Výzkumný Úst. Pletarský, Brno (Inform.-Übers. Wirkerei-Inst.) (1971) 4/5, S. 87–109.

Harverd, A. D.: Programmierte Unterweisung für die Kulierwirkerei. Melliand Textilber. internat. **53** (1972) 6, S. 652–653.

Wirkerei- und Strickerei-Technologie

Doughty, J. C.: Forschung und Entwicklung in der Maschenwarenindustrie. Melliand Textilber. internat. **53** (1972) 5, S. 528–529.

Schäch, W.: Entwicklungen auf dem Gebiet der Strickmaschinen. I. Textilis, Gent **28** (1972) 6, S. 31–34.

Erzeugnisse der Wirkerei und Strickerei

Bellenis, O., Bush, H. R.: Programmiertes Lernen in der Strickerei. Melliand Textilber. internat. **53** (1972) 5, S. 530–536.

Wignall, H.: Ein „sentimental-sehnsüchtiges" Zurückblicken kann bei der Festlegung von künftigen Stil- und Farbentrends helfen. Brit. Knitting Ind. **45** (1972) 514, S. 60, 62, 97.

Konfektion

Zračevskij, A. V.: Über die Besonderheiten des mikroplasmischen Abschneidens von Gewebe bei der voluminösen Erwärmung. Izv. vysšich uč. Zav. Technol. legkoj Prom. (Hochschulnachr. Technol. Leichtind.) (1972) 3, S. 169–173.

Velimamedov, D. M., Salamanov, S. A.: Hochfeste Handschuhe für die Arbeiter der Fischindustrie. Tekstil. Prom. Moskva (Textil-Ind.) **32** (1972) 6, S. 64–65.

Faserverbundstoffe. Vliesstoffe

Athey, G.: Synthetische Faserstoffe und auf nassem Wege hergestellte Vliesstoffe. Textilia, Milano **48** (1972) 6, S. 103–106.

von Langenthal, W., Butterworth, G. A. M.: Dispersionsbinder und Faser – ein Beitrag zur Vliesverfestigung. Melliand Textilber. internat. **53** (1972) 6, S. 687–692.

Lünenschloß, J., Janitza, J.: Der Einfluß verschiedener Nadelformen auf die Größe der Nadeleinstichkräfte und die Eigenschaften der Nadelfilze. Melliand Textilber. internat. **53** (1972) 5, S. 516–523.

V. Textilveredlung

Fischer, K.: Veredlung von textilen Flächengebilden durch Bildung von Polymeren auf der Faser. Melliand Textilber. internat. **53** (1972) 6, S. 692–696.

Martin, L., Oehler, G.: Färben und Ausrüsten von Textilien aus Polynosic-Faserstoffen. Textilia, Milano **48** (1972) 6, S. 57–63.

Mihalik, B., Mikesi, G., Ramaszéder, K.: Veredlung von Geweben aus Bauschgarnen. Magyar Textiltechn. **24** (1972) 6, S. 289–294.

Fenili, G.: Färben, Bleichen und Ausrüsten von Koplon „Polynosic". Textilia, Milano **48** (1972) 7, S. 55–65.

Farbstoffe. Textilhilfsmittel

Gromova, O. V., Romanova, M. G.: Über die thermische Beständigkeit von Direktfarbstoffen. Tekstil. Prom., Moskva (Textil-Ind.) **32** (1972) 6 S. 72–74.

Heimann, S., Dachs, K.: Hochmolekulare Hilfsmittel für Färberei- und Druckereiprozesse. Melliand Textilber. internat. **53** (1972) 5, S. 580–586.

Wawrzyniak, A. W., Jankowski, Z.: Neue von 1-Amino-4(1′,6′-Diaminhexamethyl)-Anthrachinon-2-Schwefelsäure abgeleitete Anthrachinon-Farbstoffe. Przegl. włókienn. (Textil-Rdsch.) **26** (1972) 4/5, S. 252–257.

Kotlovoj, A. T., Gončarova, A. V.: Methodik zur Beurteilung der thermischen Beständigkeit von Spinnpräparationen. Chim. Volokna (Chem. Fasern) (1972) 3, S. 74–75.
Széplaky, M., Domonkos, I.: Quantitative Bestimmung nichtionogener Tenside. Kolor. Ertesitö, Budapest (Kolor. Rdsch.) **14** (1972) 3/4, S. 72–77.
Gara, M., Bóka, B., Szatlmayer, G.: Untersuchung von anionischen Tensiden. Kolor. Ertesitö, Budapest (Kolor. Rdsch.) **14** (1972) 3/4, S. 78–93.
Csürös, Z., Rusnyák, I., Morgós, J., Sallay, P., Bartha, B., Tónczos, I.: Untersuchung der Erzeugung von nicht-ionischen Tensiden. Kolor. Ertesitö, Budapest (Kolor. Rdsch.) **14** (1972) 3/4, S. 65–71.

Färberei

Langmann, W.: Physikalisch-chemische Grundlagen der Lösungsmittelfärbung. Melliand Textilber. internat. **53** (1972) 5, S. 565–568.
Bradshaw, J.: Lokalfärbung – die im Handel erhältlichen technischen Einrichtungen. Textile Month (1972) 5, S. 70, 75, 77, 78.
Lewis, D. M., Seltzer, I.: Schnellfärben von harzbehandelter Wolle. J. Soc. Dyers Colourists **88** (1972) 3, S. 93–100.
Beutler, H., von der Eltz, H.-U.: Spezielle Probleme beim kontinuierlichen Färben von Kabel und Kammzug aus Synthesefasern. Melliand Textilber. internat. **53** (1972) 5, S. 548–555.
Kratzsch, E., Schindling, G.: Färben von Flächengebilden aus texturierten Polyestergarnen. Chemiefasern/Textilind. **22/74** (1972) 6, S. 507–512.
Preston, D. T.: Das Färben der für die Automobilindustrie bestimmten Maschenstoffe aus Polyamidfaserstoff. Brit. Knitting Ind. **45** (1972) 514, S. 85, 87, 88.

Druckerei

Bechter, D.: Maschinen für den Textildruck (Schluß). Textilis, Gent **28** (1972) 6, S. 35–37.
Zysman, J.: Zweiseitiger Druck auf undurchsichtigem Druckgut. Ind. textile, Paris (1972) 1012, S. 407–409.

Ausrüstung. Trocknung

Millard, M. M., Lee, K. S., Pavlath, A. E.: Kontinuierliche Entladungsbehandlung von Wollgarnen bei niedriger Temperatur. Textile Res. J. **42** (1972) 5, S. 307–313.
Rhodes, J. B.: Trends in der Ausrüstung reinwollener Maschenerzeugnisse. Brit. Knitting Ind. **45** (1972) 514, S. 71–72, 75, 77, 79.
Heap, A. S.: Die Pflegeleichtbehandlung durch Polymerisationstechniken in der Feuchtphase. Ind. textile, Paris (1972) 1012, S. 411–414.
Junghans, B. H.: Knitterarm- und Bügelfreiausrüstung. Textilreinigung **19** (1972) 7, S. 221–222.
Lukanjuk, I. S.: Modifizierung der Polyacrylnitrilfaser durch Polyvinylalkohol. Izv. vysšich uč. Zav. Technol. legkoj Prom. (Hochschulnachr. Technol. Leichtind.) (1972) 3, S. 67–71.

Wäscherei. Chemische Reinigung

Jakubasch, K., Beyer, D., Friedrich, P.: Versorgung mit Trocken- und Glättwäsche durch Wäscheboxanlagen. Textilreinigung **19** (1972) 7, S. 199–201.
Heußner, F.: Der Einfluß der Direktbedienung auf die Entwicklung des Bedarfs an Chemischreinigungsleistungen. Textilreinigung **19** (1972) 7, S. 196–199.
Zucco, G.: „Zusammengesetzte" Lösemittel in Sofortdienst- und Selbstbedienungsbetrieben. Chemischreiniger/Wäscher/Färber-Ztg. **71** (1972) 6, S. 255–260.
Wirtz, G., Stumpe, H.: Die Vordetachur in der Chemischreinigung. Teil II. Anwendung der Vordetachiermittel. Chemischreiniger/Wäscher/Färber-Ztg. **71** (1972) 6, S. 264–268.
Hofmann, H.: Neue elektrische Heizung für die Chemischreinigungsmaschine SPEZIMA 12 E. Textilreinigung **19** (1972) 7, S. 205–207.
Schulze, D.: Wärmetechnische Untersuchungen an Wäschereimaschinen. Textilreinigung **19** (1972) 1, S. 14–18.
Meßmethoden zur Beurteilung der Leistungsfähigkeit von Mangelbewicklungen. Reiniger + Wäscher **25** (1972) 6, S. 34, 38, 40–41.
Laszlo, G.: Probleme der Saisonschwankungen in der Chemischreinigung. Textilreinigung **19** (1972) 1, S. 11–13.

VI. Werkstoffprüfung. Meß- und Prüftechnik. Standardisierung

Eigenschaften und Fehler der Textilmaterialien u. a.

Maruyama, S., Imada, K., Takayanagi, M.: Beziehung zwischen wahrer Kraft und wahrer Längenänderung bei der plastischen Verformung einiger kristalliner Polymerer. Internat. J. polymeric Materials **1** (1972) 3, S. 211–221.
Stratmann, M.: Identifizierung von Nylon 3, A-Tell und Leavil. Chemiefasern/Textilind. **22/74** (1972) 6, S. 522–523.
Sengupta, A. K., De, D., Sarkar, B. P.: Anisotropie einiger mechanischer Eigenschaften von Geweben. Textile Res. J. **42** (1972) 5, S. 268–271.
Berestnev, A. V., Genin, V. Ja., Flekser, L. A., Chval'kovskij, N. V.: Zur Vereinheitlichung der Verfahren zur Beurteilung der Ermüdungseigenschaften von Chemieseiden. Chim. Volokna (Chem. Fasern) (1972) 3, S. 45–47.
Martin, H.: Berechnungsgrundlage zum Aufstellen von Tabellen für Weiflängen und Feinheitsbereiche bei vorgegebener Strangfeinheit. Faserforsch. u. Textiltechnik **23** (1972) 7, S. 305–306.
Barella, A.: Mechanische Eigenschaften von Kammgarnen, die während des Spinnens dem Einfluß elektrischer Entladungen ausgesetzt waren. Ann. sci. textiles belges **20** (1972) 2, S. 44–56 (franz.).
Löbel, W.: Zur Einschätzung der Aufladbarkeit von Textilien bei der Verarbeitung. Faserforsch. u. Textiltechnik **23** (1972) 9, S. 385–390.
Cooper, H. R.: Instrumentale Kontrolle der Farbabweichung. Brit. Knitting Ind. **45** (1972) 514, S. 79–81, 83, 91.
Hennige, E., Koelers, H. J.: Die Beurteilung der Veredlungseffekte Farbe, Griff und Warenbild im Textilveredlungsbetrieb von heute und morgen. Melliand textilber. internat. **53** (1972) 6, S. 675–681.
Duckett, K. E., Cheng, C. C.: Die Aufdeckung des Zusammenrollens von Baumwollfasern durch Lichtreflexion. Textile Res. J. **42** (1972) 5, S. 263–268.
Shishoo, R., Lundell, M.: MKR-Untersuchungen an Baumwolle und Wolle während des Sorptionsprozesses. Textile Res. J. **42** (1972) S. 285–291.
Somson, A.: Die Zusammendrückbarkeit von Wollgeweben. Textile Res. J. **42** (1972) 5, 272–273.
Rasumovskij, S. I.: Untersuchung über Gebrauchseigenschaften von Baumwollschlingen-Handtüchern. Tekstil-Prom., Moskva (Textil-Ind.) **32** (1972) 6, S. 67–68.
Duchovskoj, E. A., Ponomarev, A. M., Silin, A. A., Talroze, V. L. (Schreibw i. Orig.: *Dukhovskoy, E. A., Ponomayev, A. M., Talrose, V. L.*): Anomal niedrige Reibung von Polymeren durch Beschuß mit beschleunigten Heliumatomen. Internat. J. polymeric Materials **1** (1972) 3, S. 203–209.
Poždaev, N. N.: Einfluß der Wetterbedingungen auf die Reibfestigkeit der Wirkwaren von verschiedener Faserstruktur. Izv. vysšich uč. Zav. Technol. legkoj Prom. (Hochschulnachr. Technol. Leichtind.) (1972) 3, S. 34–36.
Braun, P.: Der Pilleffekt bei Textilien aus oder mit Polyesterfasern ist vermeidbar. Chemiefasern/Textilind. **22/74** (1972) 6, S. 537–540.
Karlina, K. W., Voinov, I. F., Tretjakova, L. I.: Physiologisch-hygienische Wertung der wärmespendenden Eigenschaften der Jacke mit gemischter erwärmter Einlage. Izv. vysšich uč. Zav. Technol. legkoj Prom. (Hochschulnachr. Technol. Leichtind.) (1972) 3, S. 126–130.
Ursianu, E., Vodă, V. Gh.: Statistische Güteprüfung von Relonfäden. I. Abnahmekontrolle. Materiale plast., Bucureşti **9** (1972) 4, S. 205–211.
Pavlova, I. P., Šmigel'skij, V. K., Zajdes, A. L.: Herstellung von Polymersplittern und Abdrücken davon im Vakuum bei niedriger Temperatur. Zavodsk. Labor., Moskva (Betriebslabor) **38** (1972) 4, S. 470–471.
Volynec, F. K., Dronova, G. N., Igolkin, V. M., Pankratov, G. F., Chicun, I. A.: Vorrichtung zur Messung der Elektroleitfähigkeit fester Dielektrika. Zavodsk. Labor., Moskva (Betriebslabor) **38** (1972) 5, S. 626–627.

Meß- und Prüftechnik

Raes, G., Fransen, T., Verschraege, L.: Auswertung der Empfindlichkeit von Baumwollfasern gegen chemische Behandlungen. Teil II. Grundlegende Behandlungsbedingungen. Teil III. Eine Vorrichtung zur kontinuierlichen chemischen Behandlung. Teil IV. Faserempfindlichkeit gegen chemische Behandlung. Ann. sci. textiles belges **20** (1972) 2, S. 7–19; 19–25; 26–43 (engl.).
Ewert, K.-H., Dinse, H. D.: Über die Anwendung der Trübungsmessung zur Titandioxidbestimmung in mattierten Polyäthylenterephthalatmaterialien. Faserforsch. u. Textiltechnik **23** (1972) 8, S. 348–349.
Winkler, F., Götze, W., Pietschmann, S.: Zur Bestimmung des Weißgrades an optisch aufgehelltem Prüfgut. Faserforsch. u. Textiltechnik **23** (1972) 8, S. 347–348.
Winkler, F., Pietschmann, S., Götze, W.: Zur Bestimmung des Weißgrades an Prüflingen mit durchbrochenem Muster. Faserforsch. u. Textiltechnik **23** (1972) 8, S. 350.

Standardisierung. Terminologie

Winkler, F.: Standardisierte Begriffe der Textilprüfung und verwandter Gebiete. 1. Statische Zugprüfung. Grundblatt: Systematische Gliederung der Begriffe und ihrer Definitionen. Faserforsch. u. Textiltechnik **23** (1972) 9, S. 391–406.

VII. Betriebstechnik. Ökonomie. Tagungsberichte und dgl.. Sonderfragen

Betriebstechnik

Ziegler, E., Henneberg, D., Schomburg, G.: Computersysteme für die chemische Forschung. Angew. Chemie **84** (1972) 9, S. 371–380.
Hoffmann, E. G., Stempfle, W., Schroth, G., Weimann, B., Ziegler, E., Brandt, J.: Die Anwendung einer Rechenanlage in der Praxis der kernmagnetischen Resonanzspektroskopie. Angew. Chemie **84** (1972) 9, S. 400–411.
Schomburg, G., Weeke, F.: Weimann, B., Ziegler, E.: Datenverarbeitung in der Gaschromatographie. Angew. Chemie **84** (1972) 9, S. 390–399.
Sárváry, L.: Lärmuntersuchungen in Textilfabriken. Magyar Textiltechn. **24** (1972) 3, S. 151–152.
Pintér, I.: Über die arbeitsgesundheitlichen Aspekte des Lärmproblems in der Textilindustrie. Magyar Textiltechn. **24** (1972) 6, S. 329–332.
Harastaseanu, E.: Die Lärmreduzierung in den Websälen. Ind. textile, Paris (1972) 1012, S. 385–386.
Gál, F.: Inangriffnahme der Lärmverringerung in der einheimischen Textil-Industrie. Magyar Textiltechn. **24** (1972) 3, S. 148–151.
Arany, S.: Feuerschutz-Abschnitte in Textilbetrieben. Magyar Textiltechn. **24** (1972) 5, S. 241–242.
Müller, W.: Zur Auslegung von Enthärtungsanlagen mit Ionenaustauschern. Textilreinigung **19** (1972) 6, S. 174–175.
Opitz, H., Graalmann, H., Michels, W.: Entwicklungstendenzen auf dem Gebiet der Produktionstechnik. VDI-Z. **114** (1972) 7, S. 465–476.

Ökonomie

Bécs, L., Bojtár, P.: Der an veränderliche Bedingungen angepaßte Optimalbetrieb von Ringspinnmaschinen. Magyar Textiltechn. **24** (1972) 3, S. 113–117.
Prasalowska, S.: Die Anwendung der Indizes für Arbeits- und Maschinenaufwand von Textilien in der Organisation der Produktionsprozesse. Technik włókienn. (Textiltechnik) **21** (1972) 6, S. 172–175.
Sošin, Ju. A.: Sozialistischer Wettbewerb und Arbeitsleistung. Tekstil. Prom., Moskva (Textil-Ind.) **32** (1972) 6, S. 25–27.
Steiner, M.: Die Textilmaschinenindustrie im nächsten Jahrzehnt. Textilia, Milano **48** (1972) 7, S. 19–26.
Gleitzeitarbeit – für die Bekleidungsindustrie? Bekleid. u. Wäsche **24** (1972) 11, S. 787–795.

Sonderfragen

Suhr, Cl.: Neue Wege in der Dokumentation der Makromolekularchemie. Chem. Ztg. **96** (1972) 6, S. 342–347.
Garfield, E.: Neue Wege zur Dokumentation in der synthetischen Chemie. Chem. Ztg. **96** (1972) 6, S. 334–343.
Fischer, E.: Geräte der Datenverarbeitung und der Rationalisierung der Information für Wissenschaft und Technik. Feingerätetechnik **21** (1972) 7, S. 323–331.
Lanius, E. H.: Chemie-Schrifttum sicher beherrschen. VDI-Nachr. **26** (1972) 21, S. 1, 4.
Fugmann, R., Bitterlich, W.: Reaktionsdokumentation mit dem GREMAS-System. Chem. Ztg. **96** (1972) 6, S. 323–330.
Winde, B.: Die Rolle der Mikrofilmtechnik in einem modernen Informationssystem. Technik **27** (1972) 8, S. 512–515.
Kretschmer, A.: Gemeinsames und Prioritäten von Theorie und Praxis aus der Sicht der Textilveredlung. Textil-Praxis internat. **27** (1972) 4, S. 231–232.

31712

Dialektik – Logik – Erkenntnistheorie

Lenins philosophisches Denken – Erbe und Aktualität

Von Prof. P. V. KOPNIN

(Übersetzung aus dem Russischen)

Deutsche Ausgabe bearbeitet vom Zentralinstitut für Philosophie der Akademie der Wissenschaften der DDR

1970. 543 Seiten — 8° — Leinen 18,50 M; Bestell-Nr. 751 701 5 (5806)

Diese Monographie ist eins der ersten bedeutsamen Werke, das in der Sowjetunion auf philosophischem Gebiet aus Anlaß des 100. Geburtstages Lenins erschienen ist. Es stammt aus der Feder des auch in der DDR bekannten marxistischen Philosophen P. V. Kopnin. Die Arbeit stellt eine fundierte Abhandlung über die Wahrung und Weiterentwicklung des philosophischen Erbes W. I. Lenins dar. Dem Autor geht es vorwiegend um Grundfragen der marxistisch-leninistischen Philosophie; Zentralprobleme sind die Ausarbeitung der dialektischen Logik und der Leninschen Konzeption der Einheit von Dialektik, Erkenntnistheorie und Logik.
Ein besonderes Anliegen der Arbeit von P. V. Kopnin besteht darin, die marxistische Philosophie enger an die methodologischen Fragen, die der Forscher der Gegenwart zu lösen hat, heranzuführen. In dieser Hinsicht sind die sehr umfangreichen Kapitel 6 und 7 besonders wertvoll; hier wird ausführlich und gründlich das Problem der Hypothese und das der Idee dargelegt. Zu beiden Fragestellungen gibt es bisher in der DDR weder in- noch ausländische deutschsprachige Literatur. Da jedoch die Forschung zu diesen Fragestellungen in der DDR begonnen hat, wird das Buch diese Forschungsvorhaben unterstützen. Es bringt in allen Kapiteln eine gründliche philosophie-historische Analyse des behandelten Problems, was den Vorzug hat, daß die marxistische Konzeption zu dieser Frage als Fortsetzung und Vollendung aller rationellen Momente des philosophischen Denkens überhaupt dargestellt wird. Im Werk setzt sich der Autor mehrfach mit vereinfachten Vorstellungen in der marxistischen Literatur der Vergangenheit zur dialektischen Logik sowie zum Verhältnis von Dialektik und Erkenntnistheorie auseinander und zeigt konstruktive Wege zu ihrer Überwindung. Besonderes Gewicht hat die Arbeit auch dadurch, daß sie vielerorts eine fundierte Auseinandersetzung mit dem Positivismus und Neopositivismus enthält und deren Schädlichkeit für die Wissenschaftsentwicklung beweist.

Bestellungen durch eine Buchhandlung erbeten

THEORIA CUM PRAXI

AKADEMIE-VERLAG · BERLIN

FSC
www.fsc.org
MIX
Papier | Fördert
gute Waldnutzung
FSC® C083411

Zeitfracht Medien GmbH
Ferdinand-Jühlke-Straße 7
99095 Erfurt, Deutschland
produktsicherheit@kolibri360.de